U0881566

青海气象事业70周年大事记

（1954—2024年）

青海省气象局　编著

气象出版社
China Meteorological Press

内容简介

青海气象栉风沐雨、砥砺前行，走过了充满光荣和梦想的70年，青海气象事业发展发生了翻天覆地的变化。为庆祝青海省气象局建局70周年，突出反映在中国共产党的正确领导下，青海气象走过的光辉历程和取得的伟大成就，青海省气象局组织编写了《青海气象事业70周年大事记(1954—2024年)》。本书旨在激励全省气象工作者更加紧密团结在以习近平同志为核心的党中央周围，牢牢把握服务发展、服务人民主线，统筹改革与发展任务，坚定深化重点领域改革，坚定推进气象现代化建设，传承“准确、及时、创新、奉献”的气象人优良传统，不忘初心、接续奋斗，为社会主义现代化建设做出青海气象应有贡献。

图书在版编目(CIP)数据

青海气象事业70周年大事记 : 1954—2024年 / 青海省气象局编著. -- 北京 : 气象出版社, 2024. 8.
ISBN 978-7-5029-8275-1
Ⅰ. P468.2
中国国家版本馆CIP数据核字第2024TU0516号

青海气象事业70周年大事记(1954—2024年)
Qinghai Qixiang Shiye 70 Zhounian Dashiji(1954—2024 Nian)
青海省气象局　**编著**

出版发行：气象出版社
地　　址：北京市海淀区中关村南大街46号　　**邮政编码**：100081
电　　话：010-68407112(总编室)　010-68408042(发行部)
网　　址：http://www.qxcbs.com　　**E-mail**：qxcbs@cma.gov.cn
责任编辑：殷　淼　邵　华　　**终　　审**：张　斌
责任校对：张硕杰　　**责任技编**：赵相宁
封面设计：艺点设计
印　　刷：北京建宏印刷有限公司
开　　本：889 mm×1194 mm　1/16　　**印　　张**：8.25
字　　数：143千字
版　　次：2024年8月第1版　　**印　　次**：2024年8月第1次印刷
定　　价：80.00元

本书如存在文字不清、漏印以及缺页、倒页、脱页等，请与本社发行部联系调换。

《青海气象事业 70 周年大事记(1954—2024 年)》
编委会

主　任:李凤霞

副主任:高顺年

委　员:杨印军　谢丰财　蒲继学　王宁全　苏献锋
罗振堂

编写组:(以姓氏笔画为序)
山　嶷　许正福　赵美刚　费全海　徐国元
韩萌萌　戴虎德

序　言

砥砺七十载　奋进新时代

2024 年是青海省气象局建局 70 周年。七十载栉风沐雨，七十载春华秋实。70 年来，一代代青海气象工作者执着追梦，笃志前行，在农村牧区、江河源头、草原戈壁架起一个个气象站，建起一部部天气雷达，密织观云测天网，提升预测预报预警服务能力。青海气象事业经历了从创业初期的艰苦奋斗，到改革开放后的快速发展，再到新时代的高质量发展，气象现代化水平和气象服务保障能力发生了翻天覆地的变化。

70 年来，特别是党的十八大以来，在习近平新时代中国特色社会主义思想指引下，在中国气象局党组和青海省委省政府的坚强领导和关心支持下，广大青海气象工作者始终坚守为民服务初心，传承弘扬“特别能吃苦、特别能战斗、特别能忍耐、特别能团结、特别能奉献”的青藏高原精神和“准确、及时、创新、奉献”的气象优良传统和作风，克服了一个又一个艰难险阻，突破了一个又一个技术难关，青海气象事业实现了从无到有、由弱变强的伟大飞跃，气象高质量发展展现出蓬勃生机，气象科技创新能力、基础业务、人才队伍建设、服务水平等方面均取得突破性进展。为讴歌时代先锋，记录发展脉络，全面展示青海气象事业风雨兼程、砥砺前行的光辉历程，青海省气象局组织编写了《青海气象事业 70 周年大事记（1954—2024 年）》。

《青海气象事业 70 周年大事记（1954—2024 年）》收录时间起自建局前（1936 年 11 月青海省建立了第一个气象站——西宁测候所），截至 2024 年 6 月，客观记述了建局前和建局以来我省气象工作的大事要事，全方位展示了青海气象事业 70 年的发展历程。

本书的编写，不仅是对历史的记录和见证，更是对未来的鼓舞和指引，旨在激励全省气象部门干部职工听党话、跟党走、感党恩，始终以习近平新时代中国特色社会主义思想为指引，深入贯彻落实习近平总书记关于气象工作的重要指示精神和青海工作的重要讲话精神，以高度的政治自觉和强烈的使命担当，深刻把握“两个确立”，自觉践行“两个维护”，以服务人民、服务发展为主线，全面落实《气象高质量发展纲要（2022—2035 年）》目标任务，以锐意进取、永不懈怠的精神状态和攻坚克难、一往无前的奋斗姿态，奋楫扬帆、赓续前行，着力推进青海气象科技能力现代化和社会服务现代化，奋力谱写气象现代化青海篇章。

青海省气象局
2024 年 7 月

目　录

序言

建局前

1936年11月16日 青海省建立了第一个气象站——西宁测候所，地址位于原西宁城文庙内（今西宁市文化街工人文化宫院内），马伟任第一任主任，1937年1月1日正式观测记录。1947年11月1日迁至西宁原南城楼，属国民政府国立中央研究院气象研究所建制。

1949年9月5日 西宁解放，气象部门属中国人民解放军建制，实行军委气象局和各大军区气象处两级业务管理。至此，全省仅有西宁、都兰两个测候所和西宁飞机场气象台。

1952年9月 青海省军区司令部设立气象科，闫可昌任科长，气象部门由青海省军区气象科管理。同年8月，为适应军事任务的需要，中国人民解放军西北空军司令部在玉树藏族自治州（简称玉树州）玉树县巴塘乡建立玉树机场气象台；10月，玉树机场气象台首次编制天气报告，每日编发10次。同年11—12月，为开辟青海至西康航线，由西北军区气象处派员在恰卜恰、大河坝、黄河沿（后为玛多）建立3个气象站，通过自设无线电台向西北空军司令部（兰州）拍发气象电报。

1953年8月 根据中央人民革命军事委员会主席毛泽东和中央人民政府政务院总理周恩来签署的（53）联政字第118号命令，气象部门从军队建制转为地方建制，气象事业编入《青海省国民经济建设第一个五年计划》。

1953年10月 西宁气象站成立，领导和管理全省气象工作，兰德清任西宁气象站站长。气象工作在“既为国防建设服务，又为经济建设服务”的方针指导下，开展以天气预报为主的情报收集和气候资料服务。

1954 年

1 月 1 日　青海省气象事业经费改为向地方政府领报，其中，器材由中央气象局无偿调拨供应。1958 年 1 月，器材经费纳入地方财政预算，由无偿调拨改为计价供应。自 1983 年 1 月 1 日起气象管理体制再次调整，气象事业经费主要由国家气象局提供。

7 月 20 日　青海省人民政府民政厅分配 8 人到气象站工作，西北军区气象处分配 15 人到青海开展气象工作。年内组建西宁气象站观测组和察汉乌苏（后为都兰）、同德 2 个气象站。自 7 月 25 日起，青海人民广播电台开始播送寒潮、大风、暴雨、大雷雨、霜冻等天气预报。

8 月 13 日　青海省编制委员会发文撤销西宁气象站，青海省人民政府批准成立青海省气象局。青海省气象局属青海省人民政府建制，受中央气象局和青海省人民政府双重领导。全省气象台站人、财、业务三权归省气象局领导管理，全省气象职工 133 人，办公地点设在西宁市西门外殷家庄。10 月 21 日，在西宁召开成立青海省气象局大会，温子才任青海省气象局副局长，主持工作（任职时间：1954 年 10 月—1957 年 6 月）。

12 月 4 日　中央气象局副局长王功贵一行 11 人来青海省气象局检查工作。

12 月 16 日　青海省编制委员会同意筹建西宁气象台，开展业务试运行。1955 年 1 月 15 日，西宁气象台正式成立，开展预报业务并以书面报告形式向党、政领导发送重要或灾害性天气预报，通过省人民广播电台对外不定期发布重要或灾害性天气预报。

1955 年

1月4日 青海省第一次气象工作会议召开，青海省气象局副局长温子才、省委农村工作部部长作会议讲话。

1月13日 青海省人民委员会确定青海省气象局行政编制为18人。

2月7日 青海省气象局同西宁电厂订立《天气警报、情报服务供应办法合同》，这是青海省气象局第一份面向专业用户的气象服务合同。

2月10日 青海省气象局编制《1955—1957年基本建设国民经济计划》（气象部分）。

5—6月 青海省气象局制定首份相关管理制度，包括《青海省气象局制度、规则暂行规定》《青海省气象台站观测班干部工作职责》等，同年9月下发《青海省气象局秘书及各业务工作职责范围》等管理制度。

6月24日 中国共产党青海省委员会同意在青海湖附近建立水文站和气象站的计划。

7月12日 中央气象局与燃料工业部订立了关于柴达木盆地勘探石油气象服务的合同，这是首份国家层面关于青海区域的专项服务合同。

9月 青海省全省气象台站于2日起开始物候观测工作。格尔木气象站于24日起开始高空测风工作。

11月9日 青海省气象局印发文件要求全省气象台站建立台站档案。

12月 根据中央气象局1955年8月颁发的国内气象等级评定标准，结合德才、适当考虑资历的原则，经省气象局技术评定委员会审查，青海省气象局第一次批准公布了80名气象人员技术等级，其中，四级技术人员1人，五级技术员7人；一、二、三、四级助理技术人员50人；气象通信技术人员二等五、六、七、八级30人。

本年 青海省气象局有了第一辆“通用汽车 CCKW”牌十轮汽车;1957 年汽车增到 12 部;1958 年汽车达 16 部,设汽车队,为青海省气象部门生活、基建、器材等物资运输做出了重要贡献。

本年 由于经济大发展以及开通北京至拉萨航线的需要,中央气象局指示:要在 3 年或更短的时间内,全国建成州州有台、县县有站的气象台站服务网。为此,青海省气象局组建了三角城、格尔木、茫崖、德令哈、江西沟、吉迈、大西山、却藏滩、茶卡 9 个气象站。

1956 年

1—7 月　青海省气象局编发《青海省气象事业发展七年规划（1956—1962 年）》和《青海省气象事业发展远景规划（1956—1967 年）》。

3 月 27 日　为了开辟西宁—玉树—拉萨航线，西宁空军基地指挥所与青海省气象局制定了气象保证工作协同制度，北京—拉萨航线试航成功，打破了青藏高原被视为"空中禁区"的历史。中央军委通电指出："青海省气象工作者在为飞行做好气象保证方面付出了巨大的努力。"

4 月 1 日　青海省人民委员会第六次办公会批复青海省西宁气象台发布的《灾害性天气警报标准》，这是青海省首份关于灾害性天气警报发布工作而颁发的标准。

5 月 25 日　西宁气象台转报台正式开展通信转报业务，气象电报经有线电传发往兰州气象通信中心。

8 月 1 日　青海省气象台通过青海广播电台公开发布西宁地区一般天气预报，内容包括天空状况、风、温度、天气现象等。10 月 1 日，《青海日报》首次刊登西宁市 24 小时天气预报，后续还增加了 3 日天气预报。

9 月 11 日　青海省气象局设计划财务科，负责全省气象物资器材的供应管理。

10 月 5 日　中共青海省委员会第五十次常委会议决定，由温子才、王培芝、王文彦、陈辅邦、常发田 5 人组成青海省气象局党组，温子才任副书记。

10 月 15 日　青海省第二次气象工作会议召开，青海省副省长孙君一参加，并与代表及工作人员合影留念。次年 3 月，向全省气象部门印发了青海省第二次气象工作会议文件。

1957年

3月3日 青海省西宁市人民委员会批复青海省气象局气象干部学校用地41.089亩[①]。4月3日,中共青海省委农村工作部批复青海省气象局建立中等气象技术学校。5月1日青海省人民委员会批准,成立青海省气象局气象干部学校。8月2日,中共青海省委农村工作部下文,王连臣任青海省气象局气象干部学校副校长。

4月25日 青海省人民委员会第26次委员会会议通过:拟任命王承永为青海省气象局局长,并希望该同志先行到职工作(〔57〕会人一字第100号)。7月26日,中华人民共和国国务院总理周恩来签署任命书,任命王承永为青海省气象局局长。8月28日,青海省人民委员会发文任命王承永(任职时间:1957年7月—1967年12月)为青海省气象局局长,伊林、温子才为青海省气象局副局长。

4月 中央气象局授予徐建伟、李秉中、曹庚如、陈剑民、周安康、梁佩谦、黄承秀为"全国气象先进工作者",并由青海省气象局副局长温子才带队,出席在北京召开的全国气象先进工作者代表会议。29日,在北京中南海,中共中央主席毛泽东、副主席朱德、总书记邓小平等中央领导接见了中央气象局局长涂长望和全国气象先进工作者代表,并与176名参会代表和工作人员合影。

7月10日 青海省编制委员会同意青海省气象局设立办公室、人事科、台站科、大气通讯科、器材科等机构。

8月28日 青海省气象局设立气象物资供应站,归计财科管辖。

9月 根据中央气象局(〔57〕中气农发字第0052号)文件通知,青海省气象局决定,西宁、察汉乌苏、茫崖、格尔木、黄河沿、共和、玉树7台站开始编发地面气候月报,向中央气象局气象科学研究所拍发上一月气候月报,其中,共和气象站气候月报向国际拍发,进行全球交换。

---

① 1亩=0.067公顷,下同。

12 月 西宁气象台、大柴旦气象台、茫崖气象台、民和回族土族自治县(简称民和县)气象站被青海省农业社会主义建设先进单位代表会议授予“全省农业社会主义建设先进单位”称号。

1958 年

3 月 青海东部农业区各县气象站开始陆续编发小天气图报。小天气图报的电码由省气象台预报组自编自用，1981 年后改用中央气象局制定的陆地测站地面天气报告电码（GS—01 Ⅱ），与国家基本台站天气报告电码取得一致。

3 月 化隆气象站在青海省率先开始县站预报工作——单站补充订正预报（简称补充预报），并于 5 月 1 日通过县广播站公开发布化隆县 24 小时补充预报。

4 月 28 日 经青海省编委同意，青海省气象局合并器材科和计划财务科，更名为计划财务供应科。

11 月 化隆回族自治县（简称化隆县）气候站被青海省人民政府授予“1958 年先进单位”称号。

本年 青海省气象局气象干部学校面向全国招生。同年 12 月 8 日青海省编制委员会批准青海省气象局气象干部学校更名为青海省西宁气象学校，属于中等专业学校。1962 年 3 月西宁气象学校撤销。

本年 根据体制下放精神，各级气象台站归属同级政府，实行双重领导、以地方为主体的管理体制，青海省气象局对州、县气象部门实施业务指导。

本年 在“大跃进”的形势下，中央气象局提出在全国范围内掀起“全党全民办气象，组成全国气象台站网”的热潮，按照“自愿、自建、自管、自用”的原则，全省各县气象部门派员协助各人民公社、生产大队两级建立气象哨、组。截至 1959 年 12 月，全省共建立气象哨 274 个、看天小组 893 个，基本做到了社社有气象哨、队队有看天小组。

1959年

1月12日　青海省省长袁任远主持办公会议，决定成立青海省人工降水委员会，由15名委员组成，办公室设在青海省气象局，与省气象科学研究所联合办公。人工防雹首先在西宁市、互助土族自治县（简称互助县）两地展开。1961年，中共青海省委生产办公室成立了防雹指挥部，由省委书记任总指挥。同时各州、市、县也都成立了防雹指挥部。

1月　青海省气象局设立气象仪器修配厂，负责全省气象仪器的检查、检修和比较校验工作。气象仪器修配厂由省气象局计划财务供应科管理，属于企业性质，经济独立核算。1961年4月，气象仪器修配厂更名为气象仪器检定室，归省气象台领导，为事业单位。1962年10月归省气象局物资供应站管辖，1969年7月归省气象局业务处管辖，1977年1月归省气象局物资供应站管辖，1979年3月归省气象局业务处管辖，1983年11月归省气象局物资处管辖，更名为青海省气象局计量检定所，科级单位。1984年5月1日成立气象物资门市部。

1月26日　青海省编制委员会批准设立青海省气象科学研究所（简称科研所），列为事业机构编制。年底，省气象局资料室和省气象台相关业务划归青海省气象科学研究所，其中，观测业务划归气象台。至1963年，科研所业务范围扩大为天气研究、气候资料分析、农业气象、人工控制天气等气象科学研究和有关科研指导工作，内部机构设所部、天气室、气候资料室、云雾物理室和农业气象室。1966年6月起科研所工作陷于停顿，1969年自然撤销。

5月6日　青海省气象台在省气象局院内利用邮电局发射台，设立青海气象广播电台，每天两次播送天气形势、分片天气预报，供各县气象站制作单站补充预报参考。

5月22日　青海省气象科学研究所在海南藏族自治州（简称海南州）塘格木农场用燃烧红磷的办法进行大面积人工造雾，试验初步获得成效。

5月26日　青海省气象工作会议首次在海南州召开，省气象局局长王承永就“青海省气象工作的情况和当前的中心任务”作了报告，海南州副州长魏炳文就“紧击战鼓高举红旗监视天气控制自然——全面开展气象服务，确保农牧业大丰收”提出了要求。

5月28日 青海省气象局印发《关于〈青海气象〉刊登的重要指示或通知与公文具有同等效力的通知》（〔59〕青气办字第409号）的通知。

6月20日 青海省气象局、青海省生产办公室共同印发《关于做好防洪及夏秋收预报的联合通知》的通知。

6月 青海省气象局下发《关于大力开展农业气象预报工作的指示》。

7月1日 青海省气象局党组书记王承永在庆祝中国共产党诞生三十八周年暨党员宣誓大会上作“纪念党的生日，永远遵循着党指示的方向前进”报告。

7月1日 青海省气象局决定：由省气象台预报组发布的西宁地区天气预报改由西宁气象台观测组对外发布。次年1月，西宁气象台观测组制作发布首份农业气象预报。

9月 由青海省气象局编写、青海人民出版社出版发行《十年来青海省气象事业的巨大成就》。

10月 玉树站扩建为玉树州气象台；11月门源回族自治县（简称门源县）气象站扩建为海北藏族自治州（简称海北州）气象台；1962年6月成立了果洛藏族自治州（简称果洛州）气象台、海南州气象台；11月成立了黄南藏族自治州（简称黄南州）气象台；1964年9月成立了海西蒙古族藏族自治州（简称海西州）气象台；1965年11月，西宁气象台更名为青海省气象台。

10月 黄承秀（女）作为青海省气象台先进集体代表，参加全国工业交通运输基本建设财贸方面社会主义建设先进集体和先进个人生产者代表大会，荣获“全国群英会”奖章。

10月 西宁气象台被全国工业、交通运输、基本建设、财贸方面社会主义建设先进集体和先进工作者代表大会授予“全国工业、交通运输、基本建设、财贸方面社会主义建设先进集体”称号。

12月11日 青海省人民委员会印发《关于加强青海省气象工作的通知》（〔59〕会气字第503号）。

本年 开展农田小气候观测。首先在莫家泉湾农业气象试验站进行，开展大面积春小麦丰产田与小面积试验田间小气候条件的对比观测。

本年 开展自然物候观测，首先，在民和、乐都、化隆、贵德、循化、莫家泉湾、甘都、大西山 8 站进行果树（苹果、梨）的物候观测。

本年 青海省气象局创办《青海气象》内部刊物，后一度停刊，1975 年复刊，为双月刊。

1960 年

1 月 11 日 青海省气象局要求新建的气象台站建立地面、高空观测工作报告表和气象台站迁移报告表,13 日颁发《农业气象工作评分暂行办法》。

1 月 15 日 44 名农业气象观测员从西宁气象学校毕业,走上工作岗位。

1 月 22 日 中共青海省委农村工作部批转青海省气象局党组《关于组织牧业气象服务网的方案》。

1 月 25 日 青海省气象局下发《关于大抓农牧业气象指标》的紧急指示。

2 月 18 日 中共青海省委农村工作部同意将各地气象站名称改为"气象服务台"或"气象服务站"。

2 月 22 日 青海省气象局召开青海省第五次气象工作会议,中央气象局、甘肃省气象局派出代表参加会议。

2 月 大通土族回族自治县(简称大通县)气候站被青海省委、省政府评为青海省农牧业社会主义建设先进单位一等奖;西宁气象台、化隆气候站、民和气象站、察汗乌苏气象台被评为青海省农牧业社会主义建设先进单位二等奖;大柴旦气象台海气象站、香日德气候站、江西沟气象站、吉迈气象站、尖扎气候站、湟源池汗气候站、化隆县昂思多气象哨、大通县城关公社东关大队气象哨被评为青海省农牧业社会主义建设先进单位三等奖。

3 月 31 日—4 月 7 日 青海省气象局召开西北区气象协作会议。青海省委书记陈思恭、副省长孟昭亮等领导接见了出席会议的五省(自治区)气象局长、工程师等。

4 月 7 日 青海省气象局开展"三反"运动①。

4 月 14 日 青海省农牧厅和省气象局印发《关于预防晚霜冻害的联合通知》,要求战胜晚霜冻,确保丰收。

4 月 23 日 全省气象部门开展"五好"竞赛评比活动。

---

① "三反"运动:指新中国成立初期,在中国共产党和国家机关内部开展的"反贪污、反浪费、反官僚主义"的运动。

5月4日 青海省气象局要求开展养猪气象观测工作。次年12月15日，莫家泉湾农业气象站制定《观测生猪气象条件的试验研究计划实施方案》。

5月20日 青海省第三届党代会在西宁召开，王承永局长作大会专题发言。

7月2日 青海省防雹指挥部印发《关于防雹工作的紧急通知》文件。

7月4日 青海省气象局上报《1960—1962年国民经济计划（气象部分）草案》。

11月17日 中华人民共和国国务院总理周恩来签发任命书，任命刘庆民为青海省气象局副局长。

11月 青海省农牧业社会主义建设先进单位代表会议在西宁召开，王承永局长作大会专题发言。

1960—1962年 青海省气象局在海南州共和县河卡草原上办起了机关农场。

1961年

4月1日 青海省观象台成立。

5月4日 青海省气象局召开纪念“五四”运动大会。

11月 青海省气象局编印《农业气象工作手册》。

12月12日 青海省气象科学研究所制定“1962年科学技术重点研究项目”。

本年 青海省气象台站数量累计达到103个，是青海省气象台站建设的高峰时期。

本年 在我国“三年困难时期”，青海省气象局职工在青海湖打鱼，开展生活自救。

1962 年

1 月 12 日　青海省气象局制定青海省气象系统机构人员精简方案，并于 5 月 4 日上报《气象台站调整方案报告》。年底，全省气象台站总数由 103 个撤并调整为 48 个。

3 月 1 日　青海省气象局制定《1962 年土法防雹工作计划》。

3 月 12 日　经青海省科学技术学会 3 月 10 日同意，中共青海省委宣传部 3 月 12 日批准，青海省气象学会在西宁成立，选举产生了第一届理事会。王承永任理事长，赵惠中为秘书长。

6 月　根据青海省委、青海省人民委员会《关于调整省级国家机关部分机构的报告》，青海省气象局划为二级局，改名为青海省农牧厅气象局；7 月 11 日，青海省人民委员会任命王承永兼任青海省农牧厅气象局局长。1963 年 3 月，青海省农牧厅通知，各州、县气象台站划归青海省农牧厅气象局领导。

10 月 31 日　青海省农牧厅气象局下文，解决农牧学院农业气象应届毕业生的工作、待遇等问题。

12 月 18 日　青海全省开展地面气象记录报表预审工作。

1963 年

1 月 1 日　青海省农牧厅气象局印发气象台站探空工作制度。

2 月 15—20 日　1963 年青海省气象台站长座谈会在西宁召开，全省部分州台和直属站的负责人及气象局有关人员共 38 名代表参加会议。4 月 15 日，青海省农牧厅印发文件《关于下发台站长座谈会纪要和台站管理方案》的函。

6 月 3—13 日　青海省第八次气象工作会议在西宁召开，青海省农牧厅副厅长王承永致开幕词。

8 月 5 日　青海省农牧厅气象局局长王承永签发成立无线电台检查办公室，26 日各气象台站进行无线电台清查整顿工作。

8 月　铁卜加牧业气象试验站成立，该站从 1964 年开始进行天然牧草观测和草原土壤湿度的测定工作。

1964年

1月　大通县气候站、海南州气象台、格尔木气象站测报组、囊谦县气象站、青海省气象局观象台地面观测组被青海省农牧业先进生产者代表大会授予“青海省农牧业先进集体”称号。

3月　青海省农牧厅气象局预报组被青海省学习毛主席著作先进单位和积极分子代表会议授予“全省学习毛主席著作先进单位”称号。

5月11—15日　青海省气象学会召开第二次会员代表大会，选举产生第二届理事会，理事长刘庆民，秘书长李彭龄，理事会下设普及、学术、组织三个组。

5月23—30日　青海省气象工作会议召开。

7月　青海省气象局编制《1966—1970年青海省气象事业发展规划》。

8月6日　青海省编制委员会在原定编制基础上，新增气象事业编制28个（〔64〕青编字第72号）。1965年4月29日再增40个编制，至此，青海省气象局事业编制人数共为824人。

8月31日　青海省气象局规范部分台站公章的应用。

9月1日　青海省人民广播电台开始承担天气形势预报广播，每日上午11时50分至12时25分播送前一日20时高空、指标站编码，每日02时地面形势编码、天气实况，未来24小时、48小时、72小时高空形势预报、地面影响系统预报，三日天气预报。

1965年

1月27日 青海省气象局要求各级气象台站建立气象台站档案。

1月28日 中国共产主义青年团青海省直属机关委员会批复，成立共青团气象局总支部委员会。

2月8—13日 青海省气象局召开全省农业气象工作座谈会。

2月12日 青海省气象局下发《气象（候）服务站服务和补充预报工作的试行办法（草案）》。3月1日，青海省气象局观象台制定并下发《农业气象工作规章制度》，4月7日下发《农业气象观测暂行规范综合问题解答》。

6月9日 青海省气象局召开青海省气象系统政治工作会议。

7月 第一个无人自动气象站在海拔4500米的沱沱河建立，并开始试点工作，该站使用仪器为江苏省无线电研究所研制的第一代电子管式自动站。

11月12日 青海省编制委员会同意青海省气象局增设人事处。

11月15日 青海省气象局观象台要求各气象（候）台站加强建立与发展民办气象哨（专业站）工作。

12月18日 中共青海省委批复，成立中共青海省气象局政治部。

本年 果洛州班玛县气象站重建。

1966 年

2 月 16—19 日 经青海省人民委员会批复，青海省气象局在西宁宾馆召开各气象台站负责人参加的春季气象服务座谈会。王承永局长作“加速实现革命化、抓好以防旱抗旱为中心的春季气象服务工作”工作报告。

7 月 20 日 青海省气象局发文《高举毛泽东思想伟大旗帜，努力实现人的思想革命化和工作革命化》《坚决响应毛主席的伟大号召，为把气象部门办成革命化的大学校而奋斗》和《青海省气象台站地面测报工作错情统计办法》。

1967 年

12 月 19 日 经青海省革命委员会批准，青海省农牧厅气象局革命委员会（隶属青海省农牧厅）举办成立大会，温子才任主任（任职时间：1967 年 12 月—1970 年 3 月）。1970 年，青海省农牧厅气象局革命委员会更名为青海省革命委员会气象局（隶属青海省委、省政府），其所属气象台站全部下放至当地州、县革命委员会领导；1979 更名为青海省气象局。

本年 黄南州气象台、玉树州治多县气象站重建。

1968 年

1月1日 青海省农牧厅气象局革命委员会公章启用，同时，青海省农牧厅气象局公章作废。

1月22日 青海省农牧厅气象局革命委员会要求全省各气象台站工作人员参加当地“大联合”“三结合”，强调不要脱产，以免影响气象业务工作。

2月26日 铁卜加牧业气象试验站撤销，由草改站管理。

9月28日 青海省气象系统首次活学活用毛泽东思想积极分子代表大会召开，会务组写了一封《给毛主席的致敬信》。

11月12日 中国人民解放军青海省军区同意，青海省气象局革委会在沱沱河设立试用无人自动气象站电台，进行科学试验，电台使用时间为1968年11月—1969年11月30日。

1969年

2月21日 青海省气象局革命委员会上报《关于气象台站体制下放意见的报告》，除青海省气象台外，青海省气象局所属的51个气象台站体制全部下放至当地州、县革命委员会领导，党、政、财（器材供应经费除外）三权均移交当地州、县革命委员会管理。

9月24日 青海省气象局革命委员会制定整党计划，10月10日成立整党领导小组。

11月27日 经中共青海省原省级厅局斗批改领导小组临时委员会第十二次扩大会议研究，同意由金普林、肖全信、巩自由三位同志组成原气象局党支部。

1970 年

11 月 9—24 日 青海省革命委员会气象局召开青海省气象战备工作经验交流会。

12 月 张文斌任青海省革命委员会气象局局长（任职时间：1970 年 12 月—1974 年 12 月）。

12 月 21 日 青海省革命委员会气象局局长张文斌在庆祝气象局成立大会上作《高举毛泽东思想伟大旗帜，为建设一个革命化、战斗化的气象局而奋斗》报告。

12 月 30 日 青海省革命委员会气象局收到总参谋部文件，开展国外气象卫星云图照片接收工作。

1971年

2月 全省气象部门实行军事部门与地方政府双重领导、以军队为主的体制。

3月27日 青海省革命委员会气象局与青海省第三建筑工程公司革命委员会制定地皮划分及房屋交换问题的协议书。双方会议研究决定，将青海省革命委员会气象局大院东面的部分地皮划给青海省第三建筑工程公司革命委员会使用，划分土地面积为15798.42平方米。青海省革命委员会气象局向青海省第三建筑工程公司革命委员会移交四层混合结构业务楼一栋、两层砖木结构的四合院一栋，四栋土木结构平房等，建筑面积为5077平方米；青海省第三建筑工程公司革命委员会为青海省革命委员会气象局新建混合结构业务楼一栋、混合结构的家属楼两栋，建筑面积为4301平方米。

7月17日 中共青海省军区委员会决定，由张文斌、何进元、郭小君组成中共青海省革命委员会气象局核心小组，张文斌任组长，何进元任副组长。

9月25日 兰州军区、陕西省、甘肃省、宁夏回族自治区、青海省革命委员会批转《陕、甘、宁、青四省（区）气象工作座谈会议纪要》，要求各单位认真贯彻执行。

12月18日 青海省革命委员会、中国人民解放军青海省军区批复，成立青海省气象局气象训练队，编制不变，培训所需气象专业人员在气象局现有人员中调配。

12月24日 青海省革命委员会气象局编制“第四个五年计划（1971—1975年）”。

1972 年

8 月　青海省气象台首先应用711 车载天气雷达，配合互助县定点防雹。每年6—9 月，车载天气雷达流动于东部农业区各县开展防雹及人工增雨试验。1973 年，711 车载天气雷达拨归省气象科学研究所。

9 月　青海省气象台成立气象卫星云图接收组，正式开展卫星云图接收工作。首先接收的是美国第一代艾萨（ASSE）—8 极轨业务气象卫星（APT）低分辨率电视云图照片，每天上、下午各接收一次。

12 月　青海省革命委员会气象局训练队第一期通信观测业务培训班结业。

本年　海西、海南、海北、玉树、果洛、黄南等气象台相继开始无线电传，组成青海省无线电传接收网，接收兰州无线移频广播台播发的地面和高空气象电报，接收成都、北京无线电传广播台播发的气象情报、天气分析和预报资料作为补充。

本年　青海省革命委员会气象局根据52 个气象台站和22 个水文站的1961—1970 年整编资料，绘制出版了《青海气候图集》，图集包括太阳辐射、气温、降水、湿度、风、气压、含氧量、天气现象及农业气候区划等9 类236 幅图。

本年　青海省、县两级气象局建立防雹防霜办公室（简称两防办）。青海省两防办系青海省政府办事机构，由省气象局代管，编制6 人，主要负责防雹物资计划管理、指挥联络、协调单位关系、制订工作计划，检查受灾情况，指导县级两防办业务等。

1973年

1月15日 青海省革命委员会气象局核心小组印发《1973年气象工作要点》。

3月24—30日 青海省革命委员会气象局召开青海省气象工作会议，就党建、业务工作、台站管理、汛期预报、气象服务等工作进行交流和落实。

5月31日 青海省革命委员会气象局要求各气象台站(州气象局)加强防汛抗旱气象保障工作。

5月 国务院、中央军委下达《关于调整气象部门体制的通知》，全国各级气象部门归同级政府建制领导，实行军事部门与地方政府双重领导、以地方为主的体制，陆续成立海西、海南、海北、玉树、果洛、黄南州气象局。

7月26日 青海省革命委员会科学技术委员会批复青海省革命委员会气象局1972年科学技术三项费用决算支出，批复金额共计14415.10元。

12月5—22日 全国气象工作会议在上海召开，青海省革命委员会气象局副局长刘庆民等4位代表参加会议。

1974 年

5 月 1 日　青海省气象台正式使用 711 型固定天气雷达，监测西宁地区及东部农业区八县的强对流云、雷暴、冰雹和降水等天气现象，为短时天气预报提供情报。

8 月　青海省两防办、青海省气象科学研究所人控室、互助县气象站、互助县防雹科研组和互助县防雹器材厂联合组成攻关组，经过两年多时间的刻苦钻研，不断攻克火箭药方和土火箭结构两大难关，成功试制出有较高能量和材料来源广、制造工艺简单、射高达3100～3400米（单经纬仪测）的分腔工艺土火箭。

12 月 11 日　青海省编制委员会批复重建青海省气象科学研究所。青海省气象科学研究所为处级事业单位，下设所部、天气室、资料室、人工影响天气室和农业气象室。

本年　重建海南州共和县江西沟气象站。

1975 年

1 月　解伯淳任青海省革命委员会气象局局长(任职时间:1975 年 1 月—1979 年 2 月)。

2 月 22 日—3 月 3 日　青海省革命委员会气象局召开青海省气象工作会议,解伯淳局长作会议总结报告,青海省委常委冀春光在会议总结会上讲话。

5 月 4 日　青海省革命委员会气象局成立青年探空站。

5 月　青海省革命委员会气象局与南京大学气象系、中国科学院地理研究所等 6 个单位合作开展“青藏高原(拉萨河、黑河、沱沱河、楚玛尔河流域)的可能最大降水(P. M. P)的计算”研究,该项研究成果获 1978 年青海省科技大会奖。

6 月　青海、西藏、甘肃、四川省(区)气象局,中央气象局研究所、南京气象学院等单位联合组成青藏铁路气象科学考察队,由青海省革命委员会气象局代加洗带队,围绕铁道部兰州铁路设计院二总队拟建路线开展青藏铁路气象科学考察。该考察队被 1978 年全国科学大会授予“全国科学大会先进集体”称号。由代加洗、李鹏杰、苏宏德等人完成的《青藏高原唐古拉地区辐射状况和热状况的考察报告》获 1981 年度中央气象局科技成果三等奖。

10 月 11 日　青海省革命委员会气象局局长解伯淳、副局长刘庆民带领干部近百人,赴化隆县参加农田基本建设。

10 月 27 日　青海省革命委员会气象局在西宁召集省、州气象台及部分气象站预报员进行长期预报会战,制作 1976 年度长期预报。

1976 年

4 月 12 日　全省气象部门学大寨经验交流会召开，青海省委常委冀春光出席会议并讲话。

8 月　青海省气象科学研究所承担研制降雨火箭任务。

本年　由中央气象局组织，青海省革命委员会气象局参加合作完成的“夏半年青藏高原500 百帕层低涡切变线活动规律的研究”，其研究成果揭示了青藏高原低值天气系统的活动规律，获得 1978 年全国科学大会奖。

1977年

1月25日 青海省革命委员会气象局进行机构调整,青海省气象科学研究所的天气室与青海省气象台预报组合并,归青海省气象台管理。

7月 海北州气象台711型天气雷达投入业务使用。

7月 全国气象站预报工作会议提出对县气象站预报"四个基本建设"和"四化要求",青海省各县气象站以"基本资料、基本图表、基本档案、基本方法"为标准开展预报工作。

本年 青海省革命委员会气象局综合业务楼建成,总高8层,建设面积为4970.88平方米,是当时西宁市第一高楼。

1978 年

5 月 全省气象部门 19 个单位、34 名个人分别获得青海省气象部门“农业学大寨、工业学大庆先进集体”和“农业学大寨、工业学大庆先进工作者”荣誉。

5 月 青海省人民政府授予青海省气象局尹道声、青海省气象科学研究所杨昭、青海省气候资料室李应宏、玉树州气象局龚汉荣 4 位同志“青海省先进科技工作者”和“青海省劳动模范”称号。

5—7 月 根据青海省委关于“开发共和塔拉盆地，使之成为本省粮油基地之一”的指示精神，以及“气象局提供总体规划的气候依据”要求，青海省气象科学研究所由黄孔怒主持并带队，组织以气候组为主的气候考察队，开展共和塔拉盆地气候考察。年底，考察队提交了《共和塔拉盆地的气候及其评述》。

10 月 10 日 由青海省革命委员会气象局副局长刘庆民带队，赴天津市参加全国气象部门学大寨学大庆代表会议。中央气象局授予格尔木气象站阿加尔汉（女，哈萨克族）“学大寨学大庆先进标兵”称号，授予格尔木气象站金慎、玉树州气象局龚汉荣、黄南州气象局高午祥“学大寨学大庆先进工作者”称号。20 日，代表们在北京受到了中共中央主席华国锋、副主席叶剑英等国家领导人的接见，并留下了一张珍贵的合影。

10 月 互助火箭厂生产的青 76-40-2 型防雹土火箭获国家科学大会奖，互助县气象站被授予“在科学技术工作中做出重大贡献”称号。

本年 青海省革命委员会气象局吴永森、徐知非、尹道声、周炜等完成的《高原雪灾的研究》，通过分析大雪过程特点及环流背景、产生条件，提出了雪灾标准和预报指标及预报方法。此项研究成果获本年度全国科学大会奖。

1979年

1月18日 青海省科学技术协会批准恢复青海省气象学会。

2月 魏家麟任青海省人民政府气象局局长（任职时间：1979年2月—1983年6月）。

5月1日—8月31日 青海省41个气象台站参加“首次青藏高原气象科学实验”（TTPMEX），此次科学实验成果获1987年国家气象局气象科技进步一等奖。

11月20日 根据青海省人民政府要求，青海省人民政府气象局党组决定成立农业气候区划办公室，属青海省人民政府气象局和青海省农牧业区划委员会双重领导，以气象部门领导为主。由黄孔怒、严进瑞组织开展省、州（地）、县级农牧业气候调查和区划工作。

12月 青海省人民政府气象局党组批准林晔、尹道声等24位为全省第一批气象工程师。

1980 年

1 月　青海省气象部门实行气象部门和地方政府双重管理、以气象部门为主的管理体制。调整省级以下气象部门管理体制，并实行省、州气象局两级管理，完成了体制改革的第一步。

3 月 10 日　经青海省人民政府批准，青海省气象学校重建，下设办公室、教务科、学生科。

8 月　西宁至兰州的第二条气象有线电传电路开通。通过有线电传电路，兰州向西宁传递西北及国内外全部气象电报，西宁向兰州传递青海省无线莫尔斯转报台收来的 28 个通报台站（含西宁台）的各类气象电报，传报效率和质量有显著提高。

11 月 3—7 日　青海省气象学会召开第三次会员代表大会，选举产生第三届理事会，魏家麟任理事长，代加洗任秘书长。理事会下设学术、科教、编审三个委员会，以及秘书处。第三届理事会第一次理事会决定将《青海气象》作为学会会刊，由青海省气象学会与青海省气象局合办，为双月刊，内部发行。

本年　国务院、中央军委决定，将青海省军区退役的 50 门单管 37 毫米高射炮移交地方防雹专用。

1981年

3月21日 青海省气象学会邀请中国科学院大气物理研究所副研究员黄美元来西宁作人工防雹学术报告。

9月18日 青海省气象局联合海南、果洛、黄南州气象局及其所属台站为龙羊峡水电站工程提供气象服务，提供的雨情报和降水预报准确、及时，得到龙羊峡防汛指挥部、电力部四局和国务院有关领导的高度评价，时任电力部部长李鹏说："气象部门做了贡献，每天分析气象形势，及时提供天气预报。"

11月18日 在全省抗洪抢险总结大会上，青海省人民政府表彰了青海省气象台、海南州气象台、甘德县气象站3个先进集体和6名先进个人，青海省委、省政府、省军区授予青海省气象科学研究所吴永森"先进工作者"称号。

11月25日 中央气象局发出通报，对青海省气象部门在龙羊峡抗洪抢险的预报服务工作中做出贡献的先进集体和个人进行表彰奖励。

本年 全省开展县站预报，互助县气象站开始接收欧洲、北京播发的数值预报传真天气图。

本年 青海省气象台被中央气象局授予"重大灾害性天气预报先进集体"称号。

1982 年

5 月 青海省气象局在西宁召开青海省天气预报技术经验交流会和气象服务工作会议。

5 月 青海省气象局组成 4 个工作组,从本月至次年 9 月,历时一年零四个月,行程超过 2.2 万千米,完成全省气象台站的仪器清查、摸底工作,建立台站分户账,为计划调拨提供依据。

6 月 10 日 青海省人民政府授予青海省气象局尹道声为高级工程师技术职称。

9 月 1 日 海南州气象台 711 型天气雷达投入业务使用。

本年 全国气象部门自上而下实行双重领导,以气象部门领导为主,实行中央、省、州气象局三级管理。自 1983 年 1 月 1 日起,气象事业经费主要由国家气象局提供。

本年 全国农业区划办授予青海省气象局朱庆斌"全国农业区划先进工作者"称号。

1983 年

1 月　青海省气象局李鹏杰、阳燮被评为“全省科协系统先进工作者”,出席青海省科学技术协会首届“双先会”,受到表彰奖励。

1 月 25 日　青海省人民政府批复青海省气象局副局长代加洗参加中国气象学会代表团,赴瑞典访问。

2 月 4 日　青海省气象局授予韩义高等 45 人“1981 年龙羊峡防汛服务先进个人”称号。

2 月 20 日　中共青海省气象局党组批复局共青团委员会。1984 年 7 月 11 日批复新一届局团工委,靳宁珠担任书记。

3 月 7—14 日　青海省气象局召开青海省气象工作会议和青海省气象系统先进代表会议。

3 月 15—17 日　青海省气象学会召开第四次会员代表大会,青海省气象局局长魏家麟参加大会致开幕词。大会选举产生第四届理事会,理事长尹道声,秘书长李鹏杰,理事会下设天气、气候农气、大气探测、科普、编审五个专业委员会和秘书处。4 月 12 日,青海省科学技术协会批复青海省气象学会新一届理事会。

4 月 5 日　青海省气象局印发《气象预报人员奖惩办法(试行)》。

5 月 21 日　青海省气象局下达《青海省气象局 1983 年第一批玻璃温室分配计划》,共 105 间。

5 月 23 日　国家气象局同意青海省气象局机构设置,局机关下设办公室、业务处、计财处、科教处、人事处和机关党委、纪律检查组;局直属事业单位设气象台、气象科学研究所、气候资料室、气象学校、机关行政管理处、物资器材供应站。7 月20 日,国家气象局同意设置青海省州(地区)级气象机构。12 月 27 日,国家气象局同意各州气象处的名称仍改为州气象局,实行局、台合一,一个机构两块牌子。

6月 青海省气象台设立气象预报自动答询机,用户拨“45121”电话号码即可收听到未来24—48小时天气预报。

6月4日 代加冼任青海省气象局局长、党组书记(任职时间:1983年6月—1988年6月)。

10月 青海省气象局成立青海省气象局气候资料室,对外称青海省气象档案馆,下设资料整编科、审核科、档案科、管理科、气候分析科。

11月10日 青海省气象局物资器材供应处正式成立,下设办公室、器材科、机务室、检定所4个科级单位,实现了青海气象物资的计划、供应、管理、检修相结合的统一管理体制。为了工作方便,自1984年4月23日起,物资器材供应处对外称青海省气象局物资器材供应站,并修建仓库大楼,建筑面积为2562平方米。

12月3日 中共青海省直属机关委员会同意青海省气象局机关组建九个党支部:计财、行政处党支部,研究所、资料室党支部,气象台党支部,物资供应站党支部,气象学校、科教处党支部,人事处、党委办党支部,办公室、纪检组党支部,业务处党支部,老干部(家属)党支部。

本年 青海省气象成人中等专业学校(又称青海省气象职工学校)经省政府教育部门批准成立,与青海省气象学校合署办公,两块牌子一套人马。

本年 青海省人工影响天气办公室赵仕雄、果洛州气象局上官鸿模、青海省气象台马铁衡、青海省气候资料室乔文霞(女)、海西州气象局施世飞、海南州气象局王儒夫、曲麻莱县气象站曹风云(女)等被国家民族事务委员会、劳动人事部,中国科学技术协会授予“先进科技工作者”称号。

1984年

1月19日　青海省气象局召开省气象工会委员会会议。工会委员会下设气象台，研究所和资料室，物资供应站，气象学校，办公室、纪委、计财、行政处，机关党委、人事、业务、科教处6个分会。

1月26日　青海省气象局要求有关单位为测绘部队提供气象服务。

3月17日　青海省气象局召开青海省气象工作会议，青海省副省长马元彪、青海省气象局局长代加洗作重要讲话。

3月28日　青海省气象学会、气象学校举办PC－1500计算机技术应用学习班。

3月19日　青海省气象局为省两防办、物资供应站、机关行政管理处，省气象台，海西州气象局下达东风或解放载重汽车编制和指标，为机关行政管理处下达伏尔加轿车编制。12月5日为海北、玉树州气象局更新载重汽车。

5月11日　青海省气象局印发党组会、局务会、局长办公会有关问题的规定。

6月12日　青海省人民政府三防指挥部防雹防霜办公室和青海省气象局业务处联合开展测雨雷达进行联防观测及短时天气预报服务工作。

7月10日　青海省气象局召开全省汛期气象服务工作座谈会。

8月6日　青海省气象局召开《青藏高原云图》技术审定会。

9月9—13日　西北五省（区）第五次气象计量协作会在西宁召开。

9月19日　青海省气象局批复防雹咨询服务收入分成办法。

10月4日　青海省气象局决定成立玉树州气象局农业气象观测站。

10月17日　青海省气象局召开全面清理各类气象物资会议。

10 月 9 日 青海省气象局召开全省气象通信工作会议。25 日，印发《青海省气象通信业务质量检查办法》。

10 月 青海省气象学会科普工作委员会被评为“全国气象科普工作先进集体”，并在南京召开的纪念中国气象学会成立 60 周年大会上受到表彰。

11 月 20 日 青海省气象局决定在供应处设台站生活服务科，编制 3 名，专门负责台站生活物资采购、供应及保管工作。

12 月 3 日 青海省气象局召开 1984 年全省县级农牧业气候区划工作技术经验交流会。

本年 青海省气候资料室彭兴素（女）获“青海省劳动模范”称号。

1985 年

1 月 28 日—2 月 4 日　青海省气象局召开青海省气象工作会议，省水利厅、农林厅、畜牧厅领导参加会议，青海省副省长尕布龙和省气象局党组书记、局长代加洗作重要讲话。

6 月 15 日　在中国共产主义青年团中央委员会主办的为祖国边陲优秀儿女挂奖章大会上，青海省气象部门 10 人获奖，其中金质奖 1 人，为格尔木市气象局沱沱河气象站戴惠萍（女）；银质奖 2 人，为玉树州气象局格列巴德（藏族）、格尔木市气象局郭德彦；铜质奖 7 人，为果洛州气象局罗伟民，海北州气象局高登奎，海西州气象局盛国瑛、朱尽文，玉树州气象局朵积连、措毛（女，藏族），海南州气象局赵香兰（女）。

6 月 23—30 日　青海省气象局经青海省人民政府外事办公室同意，邀请澳大利亚人工影响天气专家凯恩・比格博士偕同夫人罗宾（鸟类学家）到青海考察讲学，凯恩・比格博士与夫人罗宾得到青海省省长黄静波的接见。

7 月 27 日—8 月 2 日　甘肃、宁夏、青海三省（区）气象局、气象学会联合在西宁举办青少年气象夏令营，此次联营共有 200 名营员参加。期间，拍摄了《我们在青海湖畔》气象夏令营录像片。

8 月　青海省气象局气候资料室被青海省政府授予“青海省先进单位”称号。

12 月　到本月，青海省共有省、州气象台 7 个，高空气象探测站点 13 个，日射观测站 3 个，农业气象观测基本站 8 个，地面气象观测站 54 个。

本年　青海省气象局成立了气象现代化建设工作班子，与吉林省气象局建立了对口协作关系。

本年　根据《国务院办公厅转发国家气象局关于气象部门开展有偿服务和综合经营的报告的通知》，青海省气象部门开始开展气候资料有偿服务工作。同年，由青海省气象学会联合相关单位成立的青海省气象科技咨询服务部，是青海省气象部门第一个进行有偿专业服务的单位。1986 年 1 月 16 日，青海省气象学会理事长办公会议决定聘请青海省气象局局长代加洗、副局长吴正康二位为青海省气象科技咨询服务部顾问。

本年 青海省气象学校赵萍被青海省委、省政府、省军区评为“社会主义精神文明建设先进个人”。

1986年

1月14日 国务院副总理李鹏参观在北京举行的全国气象系统计算机技术开发应用成果展览会青海展台。

3月10—18日 青海省气象工作会议审议通过《积极努力，争取党风和机关风气的进一步好转》工作报告。

9月 青海省委、省政府、省军区联合授予曲麻莱县气象站“抗灾救人保畜先进集体”称号，青海省气象局德力格尔获得“1985年抗灾救人保畜工作中成绩突出”表彰。

本年 青海省气象科学研究所吴永森被国家科学技术委员会授予“国家级有突出贡献专家”称号，享受国务院政府特殊津贴。

本年 青海省气象科学研究所黄孔怒、朱庆斌被全国农业区划委员会评为“全国牧业区划先进工作者”。

1987 年

1月21日 青海省副省长尕布龙看望和慰问青海省气象局离退休老干部,并参加离退休老干部迎春茶话会。

2月23日—3月2日 青海省气象工作会议审议通过《青海省气象部门加强精神文明建设的实施意见》《青海省气象事业第七个五年建设计划》《青海省气象业务现代化建设七五设计任务书》。尕布龙副省长出席会议并讲话。

5月 青海省副省长尕布龙邀请澳大利亚人工影响天气方面专家凯恩·比格博士到青海访问,并到青海省气象局检查指导工作。

7月25—30日 国家气象局副局长章基嘉一行4人到青海省气象局调研,并与青海省副省长尕布龙进行工作会谈。

10月 青海省气象局自主开发的短波单边带数传通信系统(XQDST)通过国家气象局鉴定,并被列为全国气象系统推广项目之一。建成了由1个主台和35个属台组成的单边带数传通信网络,全省35个国家基本发报气象台站结束了"莫尔斯"发报的历史。

10月 青海省气象局农牧业气候区划办公室被全国农业区划委员会授予"1979—1986年全国农业区划先进集体"称号。

本年 青海省气象科学研究所唐千红同志获得国家气象局、中国气象学会"第二届涂长望青年气象科技奖"二等奖。

1988 年

1 月 11—16 日 青海全省气象局长会议审议通过《深化改革，推进业务建设，提高气象服务效益》工作报告。

5 月 16—20 日 青海省气象局就加快和深化青海省气象部门改革形成《青海省气象部门扩大台站自主权的试行办法》《关于在青海省气象部门实行承包责任制的暂行办法》《青海省气象专业有偿服务和预算外资金财务管理办法》《关于青海省气象部门进一步开展综合经营的意见》《青海省气象部门人事管理工作试行办法》等改革方面的 5 个文件。

6 月 15 日 国家气象局党组任命徐建伟为青海省气象局党组副书记、局长（任职时间：1988 年 6 月—1995 年 10 月），吴正康、施守智为党组成员、副局长，阳燮为副局长，尹道声为总工程师。

7 月 9 日 国务委员兼国家科委主任宋健在青海省委副书记、省长宋瑞祥等同志陪同下，到都兰县气象站考察工作。宋健深入业务一线，详细了解开展的业务项目、各种仪器性能等，并详细询问职工生活、学习和工作情况，同时，勉励全站职工做好气象工作，为工农牧业生产服务。

7 月 黄南州气象局被青海省政府、省军区授予“拥军优属先进单位”称号。

8 月 29 日 青海省副省长马元彪到青海省气象局检查指导工作，充分肯定了气象部门为青海国民经济建设做出的贡献。

9 月 10 日 青海省委书记宋瑞祥到青海省气象台观看“风云一号”气象卫星云图接收和资料处理的全过程。并指示由青海省财政支持 20 万元用于更新卫星接收设备。

9 月 国家气象局授予青海省气象学校黄承秀、朱绍阳，青海省气候资料室梁可惠，青海省气象局物资器材供应处黄敏，茫崖气象站张炎斌、张秀英，海西州气象局王德元，班玛县气象站石淑蓉、李民尧、卜宪奎，察尔汗气象站胡开述，小灶火气象站庞继顺、胡关龙，河卡气象站徐铭济，都兰县象站冯家合，格尔木市气象局赵家璋 16 位同志“从事气象工作 30 年以上贡献奖”。

1989 年

2 月 国家气象局授予青海省气象部门朱汝完等 12 位同志“全国气象部门双文明先进个人”称号。

3 月 8 日 青海省政府决定将青海省三防指挥部下设的防雹防霜办公室改名为青海省气象局人工影响天气办公室，由青海省气象局管理，开展人工影响天气业务的经费由省政府核拨。

4 月 黄南州气象局被青海省委、省政府授予“精神文明建设先进单位”称号。曲麻莱县气象站被国家气象局授予“气象部门双文明建设先进集体标兵”称号。

5 月 11—14 日 青海全省气象局长会议在海西州德令哈市召开，会议就加强财务管理，共度经济难关，深入开展专业有偿服务，推行台站管理承包责任制以及在新形势下做好思想政治工作等问题进行专题研讨。海西州州长高尼、青海省军区副司令员季占斌出席会议。

6 月 经青海省政府同意，青海省计划委员会、青海省财政厅和青海省气象局联合下文要求地方财政合理分担部分气象经费。

7 月 海南州农牧系统气象局党支部被青海省委授予“先进基层党组织”称号。

8 月 26 日 《中国气象报》青海记者站正式成立。

10 月 1 日 青海省电视台增加藏语天气预报节目，向广大藏族人民群众及时播报天气预报。

12 月 《青海气象》经青海省新闻出版局同意复刊，复刊后从双月刊改为季刊。

本年 海北州气象局野牛沟气象站被青海省政府授予“民族团结进步先进集体”称号。

1990 年

2 月 20—24 日 青海全省气象局长会议召开，会议通过《青海省气象部门进一步治理整顿、深化改革的实施意见》，并做出 3 项决定：一是恢复州局党组；二是在海西地区执行离退休职工安家补贴；三是实行处级干部试用期制度。马元彪副省长出席会议并讲话。

4 月 26 日 海南州塘格木、河卡地区发生 6.9 级地震。青海省气象部门在地震中遭受约 75 万元损失。震后，青海省气象局派出 4 个工作组赶赴灾区指挥救灾，并送去救灾物资。震区气象职工坚守岗位，积极投入抗震救灾气象服务，为各级领导指挥救灾，恢复和重建家园发挥了重要作用。

4 月 小灶火气象站胡关龙被中华总工会授予“优秀气象工作者”和“五一劳动奖章”荣誉称号。

5 月 17 日 青海省副省长卞耀武率海南州州长白玛一行进京向国务院汇报塘河地震灾情，并专程到访国家气象局参观相关业务单位。

5 月 21 日—8 月 23 日 青海省气象科学研究所张琳参加中国青海可可西里地区综合科学考察队。考察项目为多学科、综合性的大型科研项目，主要考察光、热、水三大气候要素，这次考察由中国科学院、中国青海可可西里地区综合科学考察委员会、国家环保局、青海省人民政府联合进行。

6 月 3—10 日 国家气象局副局长温克刚一行 3 人来青海，先后深入 12 个艰苦气象台站调研。期间，分别受到青海省省长金基鹏、省委常委侯少卿、省人大常委会副主任卢声道和省政协副主席汪福祥等领导会见。

6 月 11 日 兰州区域气象局长联席会议在西宁召开，金基鹏、侯少卿、马元彪、汪福祥和温克刚等同志参加会议。

6 月　青海省气象局成立了青海省农牧业气象服务中心，专项开展农牧业气象服务工作。

12 月　循化撒拉族自治县（简称循化县）气象站、乐都县气象站被国家气象局、中国气象学会评为全国气象科技扶贫先进集体三等奖。

1991 年

1 月 31 日　青海省政协副主席韩应选、汪福祥带领部分省政协常委、委员共 24 人在青海省气象局过“委员日”，与气象专家和科技人员进行亲切座谈，全体委员参观了青海省气象台现代化设施。

2 月 2 日　青海省副省长马元彪在青海省气象台主持召开青海省气象科技兴农调研会，相关厅局的 25 位领导参加会议。

2 月 13 日　青海省委书记尹克升到青海省气象局检查工作，并向广大气象职工拜年。

2 月　海南州气象局被国家防汛总指挥部授予“1990 年全国防汛抗洪先进集体”称号。

3 月 28 日—4 月 1 日　青海全省气象局长会议审议通过《青海省气象事业第八个五年计划》和《1991 年青海省气象工作报告》。

6 月　民和县气象站被国家气象局授予“1990 年度小麦锈病期天气预报服务工作中做出显著成绩”称号。

8 月　青海省气象培训中心成立，主要任务是进行气象部门职工学历教育和岗位培训。1998 年 3 月，事业结构调整时并入省气象科学研究所，对外保留省气象培训中心牌子，2000 年恢复独立运行。2015 年 4 月，根据中气函〔2015〕74 号、青气发〔2015〕29 号，青海省气象培训中心更名为青海省气象干部培训学院。2023 年 9 月，根据气函〔2023〕70 号和气人函〔2023〕304 号，青海省气象干部培训学院撤销，教育培训职责划入青海省气象服务中心。

10 月 1 日　国务院决定表彰为发展中国工程技术事业做出突出贡献的科技人员，青海省气象局尹道声榜上有名，从 1991 年 7 月 1 日开始，享受国务院政府特殊津贴。

10 月　国家气象局局长邹竞蒙为青海省气象部门科技期刊《青海气象》题写“青海气象”刊名。

1991—1993 年　青海省气象局被青海省政府连续 3 年授予“目标管理优秀单位”称号。

1992 年

2 月 25—28 日 青海全省气象局长会议审议通过《青海省气象局贯彻八中全会精神进一步加强气象兴农兴牧工作的实施意见》。

2 月 青海省气象系统举办首届职工文艺汇演，积极推进气象部门精神文明与物质文明协调发展。

2 月 青海省气象局人工影响天气办公室首次利用飞机在东部农业区开展人工增雨作业。14 日，青海省省长金基鹏到青海省气象局检查部署人工影响天气准备情况，并与气象专家共商人工增雪方案。

6 月 22 日 国家气象局决定在青海省海南州共和县瓦里关山建立中国大气本底基准观象台，中国大气本底基准观象台列入青海省气象局建制序列。

6 月 26 日 青海省委书记尹克升、省长金基鹏及省顾问委员会主任马万里、省政协副主席韩应选、省军区司令员季占斌等到青海省气象局参加人工增雨总结表彰大会，对在东部农业区进行飞机、高炮人工增雨工作中取得显著成绩的 11 个先进集体和 24 名先进个人进行表彰。金基鹏省长对广大气象工作者在抗旱斗争中所做出贡献给予高度的评价，并就进一步做好人工增雨工作提出意见。

9 月 19 日 青海省气象学会在西宁举办青海省气象学会成立 30 周年纪念会，青海省科协主席殷永章、中国气象学会秘书长彭光宜及青海省科委、民政厅和北京市气象局、西藏自治区气象局等单位领导参加会议。

11 月 13—19 日 国家气象局副局长李黄一行 7 人先后深入海南、海北藏族自治州以及海东地区 12 个基层气象台站调研，并考察位于瓦里关山的中国大气本底基准观象台一期工程建设。期间，受到马元彪副省长的会见。

11 月 26 日　青海省副省长马元彪在青海省气象局召集各州、地、市书记、州长（专员）座谈会上，听取各地贯彻国务院《关于进一步加强气象工作通知》和青海省人民政府《关于贯彻国务院〈关于进一步加强气象工作通知〉的通知》情况汇报，并就进一步贯彻文件精神，加强气象工作作出安排部署。

12 月　青海省气象局开展的人工增雨工作被省政府评为 1992 年青海省十件经济大事中头件大事。

1993 年

1 月　乐都县气象站被国家气象局授予“全国先进气象站”称号。

3 月 8—10 日　青海全省气象局长会议提出大力推进以气象事业结构调整和建立完善相应运行机制为重点的改革目标以及具体实施意见和办法。青海省副省长马元彪、省政府副秘书长韩昌实、省农委主任谢承志等参加会议。

4 月 21 日　青海省省长田成平参加在北京召开的全国气象局长会议，充分彰显青海省人民政府对气象工作的重视。

4 月　大通县气象站被国家气象局授予“1992 年春旱预报服务工作成绩显著予以表彰”称号。

5 月—11 月　青海省计划委员会和中国气象局共同投资 420 万元，加强青海省卫星遥感信息中心建设，推动卫星遥感业务在青海的应用。青海省卫星遥感信息中心于 11 月正式成立，挂靠青海省气象科学研究所，实行一套人马，两块牌子。

6 月　青海省气象局局长徐建伟在大通县政府领导陪同下，赴乡村了解冰雹灾情。

7 月　青海省委副书记桑结加到青海省气象局考察，了解预报服务工作。

11 月　乐都县气象站被青海省委、省政府授予“全省精神文明建设先进文明单位”荣誉称号。

12 月　青海省气象局召开全省气象为农业服务工作会议，并举办纪念毛泽东诞辰一百周年文艺演出。

本年　青海省气象局被西宁市政府命名为“文明单位”称号。

1994 年

2 月 青海省气象台、循化县气象站被中国气象局授予“1993 年气象服务先进集体”称号。

3 月 23—26 日 青海全省气象局长会议审议通过《充分肯定成绩、加大改革力度、提高服务效益、保持全局稳定》工作报告和《青海省气象事业结构调整方案(1994—2000 年)》《青海省气象业务现代化建设方案》。

5 月 30 日—6 月 3 日 中国气象局副局长马鹤年在青海就西部高原气象事业结构调整进行专题调研。

5 月 31 日 第三届全国优秀青年气象科技工作者学术会在西宁多巴召开,青海省气象局有 4 名同志被授予“第三届全国优秀青年科技工作者”称号。

5 月 青海省副省长马元彪听取青海省气象局局长徐建伟、总工尹道声关于做好气象服务工作汇报。

9 月 17—18 日 全球第一个海拔最高的大型基准观象台——瓦里关中国大气本底基准观象台正式挂牌投入运行。中国气象局副局长李黄在青海主持瓦里关中国大气本底基准观象台建成挂牌仪式。青海省人民政府、海南州人民政府、中国科学院、国家科学技术委员会、国家财政部等部门代表,来自世界气象组织的官员,以及美国、加拿大、澳大利亚、德国专家参加挂牌活动。

9 月 果洛州气象局刘长德被青海省人民政府授予“青海省劳动模范”称号。

10 月 21 日 青海省气象局举行成立 40 周年庆祝大会,青海省委书记田成平出席大会并讲话,省科委等 13 个厅局级单位前来祝贺,青海省气象局长徐建伟作《昔日创业辉煌、未来任重道远》讲话。同时,举办庆祝建局 40 周年文艺汇演等庆祝活动。

11 月 9 日 青海省气象局制定出台《青海省气象部门综合经营管理办法》,规范综合经营工作。

12 月 青海省气象局制作的电视剧《高原人》,被中国气象局评为优秀气象影视三等奖。

1995 年

2 月 13—16 日 青海全省气象局长会议审议通过《全面提高气象服务的总体效益，推进气象现代化建设，加快气象事业结构调整，保持气象事业持续、快速、健康发展》工作报告。青海省副省长马元彪出席会议并讲话。

4 月 青海省气象局徐建伟、阳燮，瓦里关中国大气本底基准观象台朱庆斌、季秉法、张晓春被中国气象局授予“中国大气本底台建设有功人员”称号。

5 月 23—30 日 受国务院委托，中国气象局副局长温克刚率领由国务院有关部委组成的联合调研组就贯彻落实国务院《关于进一步加强气象工作的通知》在青海调研。调研组一行与青海省副省长刘光和及有关部门进行座谈，并深入果洛、海南、海东一些气象台站进行调研。

6 月 13 日 青海省省长田成平专程前往位于瓦里关山的中国大气本底基准观象台考察工作。期间，为中国大气本底基准观象台题写“为全人类服务、为中国人争光”的题词。

6 月 20 日 青海省政府印发《关于进一步加强气象事业的通知》，对省、州（地、市）、县建立双重计划财务体制和发展地方气象事业经费等做出具体规定。

6 月 青海省气象局被中国气象局授予“全国气象部门审计工作先进单位”称号。

3—7 月 按照“3.5＋0.5”培养模式，青海省气象培训中心从青海本地提前招收在校大学生，利用大学四年级最后一学期，进行了半年气象专业知识培训；按照“3＋1”培养模式，从青海本地提前招收数学、物理专业三年级大学生，送到兰州大学进行了一年气象专业知识培训，学生毕业后补充到基层气象台站。

8 月 8 日 青海省副省长刘光和到青海省气象局检查指导工作，围绕完善气象部门双重领导管理体制问题、中国大气本底基准观象台环境保护以及“9210 工程”国家与地方投资等重大问题听取汇报。

8月18日 青海省气象局召开纪念《中华人民共和国气象条例》颁布实施一周年座谈会。青海省人大常委会副主任高尼,以及省政府办公厅、省科委、省科协、省水利厅、省农林厅、省环保局、省法制局等有关部门领导应邀参加会议。

10月19日 中国气象局副局长温克刚在青海省气象局职工大会上宣布任命崔讲学为青海省气象局党组书记、局长(任职时间:1995年8月—2000年2月),与施守智、阳燮、王江山、宗曼晔等组成新一届领导班子。

11月20日—2014年4月15日 青海省气象局先后派出瓦里关中国大气本底基准观象台职工黄建青、郑明、祁栋林(2次)、张奎华、季军、张占峰、李德林、赵文杰8名同志分别参加中国第12、14、17、21、22、25、29、30次南极科考。

12月 玉树州气象局被青海省人民政府授予"青海省民族团结进步先进集体"称号。

本年 黄南州气象台被中国气象局授予"1994年汛期气象服务先进集体"称号。

1996 年

1 月　玉树州遭受特大雪灾，冻伤万人，牲畜死亡 107 万头（只），经济损失近 3 亿元。

2 月　青海省副省长王汉民到青海省气象局考察气象工作情况。

3 月 8 日　青海省人民政府在西宁召开全省人工影响天气工作会议，副省长刘光和出席会议，并要求各级政府、气象部门认真做好人工影响天气工作，积极为稳定发展农业生产做贡献。

3 月　格尔木市气象局五道梁气象站被中华人民共和国人事部、中国气象局授予“全国气象系统先进集体”称号。

4 月 2—4 日　青海全省气象工作会议在西宁召开，青海省副省长刘光和总结了“八五”期间青海省气象事业发展的经验，提出了“九五”发展目标。

7 月　青海省气象局编纂的第一版《青海省志 · 气象志》正式出版。1997 年 10 月，《青海省志 · 气象志》获得青海省人民政府授予的“青海省地方志优秀成果一等奖”称号。2000 年 10 月，青海省气象志编委会被青海省人民政府授予“青海地方志先进单位”称号。

9 月 11—13 日　中国气象局在西宁召开全国牧区气象服务工作研讨会，首次对全国牧区雪灾气象服务进行科学分析和工作研讨。中国气象局副局长颜宏出席会议，并作《总结经验，加强研究，提高水平，全面做好雪灾气象服务》报告。

9 月　青海省气象局举办“人影杯”歌咏比赛，丰富气象职工文艺活动。

12 月 24 日　青海省雷电火爆预防研究协会在西宁成立，挂靠青海省气象局；次年 6 月举行成立大会，青海省副省长刘光和出席成立大会。

本年　完成全省气象部门机构改革任务，青海省气象局机关人员由上年的 118 人减少到 78 人。

本年　青海省人工影响天气办公室被中国气象局授予“1996 年汛期气象服务先进集体”称号。果洛州气象局被青海省人民政府授予“青海省二五普法先进集体”称号。

1997 年

1 月 29 日　青海省委书记尹克升听取青海省气象局局长崔讲学的工作汇报，要求气象部门在继续做好东部农业区人工增雨和人工防雹工作的同时，搞好黄河上游人工增雨试验。

2 月 27—28 日　首次由青海省人民政府召开青海省气象工作会议，青海省委常委济桑、青海省人大常委会副主任高尼、青海省政协副主席马元彪出席会议，中国气象局党组成员、副局长刘英金到会讲话。副省长刘光和代表省政府讲话，要求各级政府关心支持气象事业。崔讲学局长作《加强领导，狠抓落实，努力开创青海省气象事业新局面》工作报告。会议讨论通过了《青海省气象事业发展纲要》（简称《纲要》），7 月 4 日青海省人民政府正式批转《纲要》。

3 月　互助县气象局被中国气象局授予“汛期气象服务先进集体”称号。

4 月 23 日　首次在黄河上游进行飞机人工增雨作业，作业区域为青海久治、甘肃玛曲、四川若尔盖、青海河南段“U”形流域，作业面积达 3 万平方千米。

8 月 4—5 日　青海东部地区出现强降雨天气，气象部门第一时间发布灾害预警。在山洪来临前，险区 3000 余人及时撤离，避免了人员伤亡。青海省副省长王汉民听取青海省气象局局长崔讲学关于汛期气象服务工作汇报，副省长刘光和高度评价：“气象部门预报准确，服务及时，省政府十分满意。”

10 月 22—23 日　青海省气象局以提高科学管理水平为主题，召开全省气象局长研讨会。24 日，青海省副省长刘光和要求气象部门加大改革力度，充分利用高科技创收，改善职工工作生活环境。

10 月　青海省气象学会召开第八次会员代表大会，会议选举产生新一届理事会，阳燮当选为理事长，张国胜、李凤霞为副理事长，李凤霞兼秘书长，设常务理事 5 人，下设 8 个学科（工作）委员会。

11 月 11—13 日　首届全国青年农业气象学术交流会在青海省气象局召开。

11 月 17 日　青海省气象局局长崔讲学向青海省人大常委会第三十三次会议报告气象工作，这是新中国成立以来青海省气象部门第一次向省人大常委会报告工作。

11 月 30 日　青海省副省长刘光和、副省长兼西宁市委书记赵乐际到青海省气象局调研视察，听取气象局工作汇报，并与气象职工座谈。

12 月 22—23 日　青海省人民政府邀请中国气象局、中国科学院、中国气象科学研究院、国家气象中心、黄河水利委员会、西北电管局、甘肃省气象局、兰州水调办公室以及省内电力、水利、气象等部门专家，对黄河上游人工增雨效果进行检验。经与会专家评估，1997 年黄河上游人工增雨增加雨水量约 10 亿立方米，按不同产流比计算，增加黄河水量 1.8 亿 ~2.8 亿立方米，在全年气候偏旱的大背景下，黄河上游人工增雨达到增水效果。

12 月 24 日　中国气象局副局长马鹤年在青海省气象局调研时指出，要高起点制订黄河上游人工增雨试验 3 年计划和目标，引入有效技术方法和设备，加强相应的科学研究工作，尽快把试验作业技术方法在其他流域推广。

本年　青海省气象台雷达科被中国气象局授予“1997 年重大气象服务先进集体”荣誉称号。

本年　海北州气象学会被中国气象局授予“全国气象科普先进集体”荣誉称号。

1998 年

1 月 6 日　“青海省首次在黄河上游开展人工增雨作业试验”被评为 1997 年青海省十大科技新闻。

2 月 20 日　青海省气象局局长崔讲学向青海省气象局机关 67 人颁发《国家公务员证》，青海省气象局机关依照国家公务员制度管理工作正式入轨运行。

2 月 22 日　青海省气象局副局长阳燮任中国人民政治协商会议第九届全国委员会委员。

同日，刘光和副省长到青海省气象局慰问离退休老干部。

2 月　青海省气象培训中心与青海省气象科学研究所合署办公，2000 年 12 月，两单位分开独立运行。

3 月 5—7 日　青海全省气象局长会议审议通过《贯彻十五大精神，加快气象事业结构调整步伐》的工作报告。青海省副省长刘光和出席会议并讲话。

5 月 4 日　青海省人民政府办公厅印发《关于加快发展地方气象事业的通知》，进一步明确发展青海地方气象事业的任务。

5 月 8 日　青海省气象局根据青海实际情况，专门研制的人工增雨设备 QH-1 型地面碘化银发生器通过中国气象科学研究院专家鉴定。

5 月 9 日　第二次青藏高原大气科学试验（TIPEX）开始加密观测。

5 月 24 日　青海省气象局副局长施守智等前往美国考察人工影响天气工作。

6 月 27 日　由《经济日报》组织的“黄河断流万里探源”大型采访团抵达青海，青海省人民政府主要领导向采访团介绍黄河上游人工增雨情况。

6 月 由青海省气象局局长崔讲学任组长，全省气象部门不同岗位 14 名专家参与的“青海省气象事业发展战略研究”课题启动，课题分“青海省气象事业目标结构模式和发展对策研究”等 6 个子课题。

7 月 12 日 青海省人民政府主要领导在果洛藏族自治州久治县和甘肃甘南藏族自治州玛曲县看望黄河上游人工增雨作业人员，要求进一步扩大黄河上游人工增雨区域，延长作业时间。

8 月 31 日 青海省副省长王汉民在青海省气象局检查指导工作，要求进一步加强气象科学研究，为保护长江、黄河上游生态环境提供科学依据。

12 月 8 日 青海省政协主席韩应选、副主席王孝榆及部分省政协委员到青海省气象局考察，要求进一步加大气象科技含量，抓好青海省人工影响天气，特别是黄河上游人工增雨工作。

12 月 14 日 青海省人大常委会副主任高尼、副省长穆东升一行在青海省气象局考察。

12 月 16 日 经青海省机构编制委员会批准，青海省雷电防御中心成立，挂靠在青海省气象技术装备中心，2000 年划归青海省气象局国有资产运营中心。

12 月 28 日 “江河源地区降水规律发生重大变化，夏季干旱加剧，冬季雪灾增多，导致黄河源头水量大幅度减少”研究成果，被省委宣传部、省科委、省科协共同评选为 1998 年青海省十大科技新闻。

1999年

1月1日　青海省气象部门"气象卫星综合应用业务系统（9210工程）"正式投入业务运行。

2月8—10日　青海全省气象局长会议审议通过《面向新世纪，坚持不懈推进青海省气象事业快速发展》工作报告，青海省副省长刘光和出席会议并讲话。

4月9日　青海省委书记、人大常委会主任田成平到青海省气象局检查工作时指出，气象工作是一项系统性很强的工作，要为改善江河源头生态环境以及整个青藏高原的生态环境保护和建设服务，气象工作大有可为。

7月2日　由中国科学院、中国气象科学研究院、北京气象学院、兰州高原大气研究所、青海省气象局等单位专家和技术人员组成的黄河上游人工增雨科学考察队，赴黄河上游进行为期一个月的考察。

7月20日　青海省首家县级气象卫星地面单收站在互助县气象站建成。

8月　青海省气象局举办气象科技产业管理培训班，这是气象局首次举办专项班，旨在提升气象科技服务管理能力。

9月19日　青海省气象局和中国气象局华云公司在西宁举行"青海省灾害性天气监测系统项目"建设签字仪式。

9月　著名电影艺术家秦怡为创作反映青海省气象事业发展的电影《青海湖畔》到青海省气象部门体验生活，受到省委、省政府领导的接见。2014年5月《青海湖畔》正式开机拍摄。

10月12日　青海省气象局领导班子和领导干部开始进行"三讲"教育，中国气象局向省气象局派出巡视组检查工作。

10 月 26 日　经中国气象局和青海省档案局专家考评，青海省气象档案馆晋升为国家二级档案管理单位，成为西北地区气象部门第一个晋升的单位。

10 月　青海省气象局举办新中国成立 50 周年文艺汇演，共庆祖国 50 华诞。

11 月 15—16 日　中国气象局局长温克刚、副局长郑国光在北京接见果洛州气象局局长塔巴扎西和副局长山嶷等，对高原气象工作者不畏艰苦、无私奉献的精神给予高度评价。

12 月 14 日　青海省法制局、青海省气象局在西宁联合召开学习宣传和贯彻实施《中华人民共和国气象法》新闻发布会。青海省人大常委会副主任高尼、青海省副省长穆东升、青海省政协副主席蔡巨乐等领导出席，穆东升、崔讲学分别讲话。新闻发布会后，与会人员就学习宣传和贯彻实施《中华人民共和国气象法》进行座谈。

1998—1999 年　海东地区气象台连续两年被中国气象局授予“重大气象服务先进集体”称号。

2000 年

3 月 6 日　中国气象局党组任命王江山为青海省气象局党组书记、局长（任职时间:2000 年 3 月—2003 年 12 月），任命陈哲明、王莘二位为青海省气象局党组成员、副局长，郑建国为青海省气象局党组成员、纪检组组长。

3 月 13—14 日　青海全省气象局长会议审议通过《抓住机遇，开拓创新，推进青海省气象事业大发展》工作报告。副省长穆东升出席会议并讲话。

4 月 6 日　青海省气象局成立西部大开发领导小组，组长、副组长分别由王江山和阳燮担任。

5 月 21—29 日　中国气象局副局长刘英金等一行 5 人就青海省气象部门基本业务、气象服务、结构调整、基层台站基础设施建设以及参与西部大开发情况，深入到 10 个基层气象台站进行调研。

6 月 27—30 日　青海省气象部门第一次纪检监察干部培训班在西宁举办，省纪委常委张庆伸参加开班仪式。

6 月　海南州气象局、互助县气象局被青海省精神文明建设指导委员会授予“创建文明行业工作先进单位”称号。

8 月　青海省气象局和中国气象科学研究院联合成立科研课题协作会。

9 月 8 日　由中国气象局投资 3000 万元的青海省第一台 MILOS500 型自动气象站建成并投入业务试运行，青海省政府和中国气象局在西宁市廿里铺气象站举行青海省灾害性天气监测系统开工典礼，中国气象局副局长李黄等领导出席并讲话。

9 月 9 日　中国气象局副局长李黄在中国大气本底基准观象台考察工作。

10 月 19 日　芬兰国家气象局局长雅梯拉教授等一行 4 人在青海省气象局访问交流。在中国气象局外事司司长王才芳、青海省气象局副局长王莘陪同下参观省气象台和中国大气本底基准观象台，并进行交流。

11 月 15 日 中国气象局副局长郑国光在中国气象局会见青海省副省长穆东升，共商“十五”期间青海省气象部门重点项目建设问题，青海省气象局局长王江山参加会见。

12 月 果洛州气象局被人事部、中国气象局授予“全国气象系统先进集体”称号。

本年 青海省气象局、青海省气象通信台被中国气象局授予“9210 工程建设优质工程”称号。青海省气象局气象科技扶贫领导小组办公室被国家科学技术部、中国科学院、中国科学技术协会授予“科技扶贫先进集体”称号。中国大气本底基准观象台被国家科学技术部授予“先进野外科学观测与研究基地”称号。

本年 为适应新形势，青海省气象局成立国有资产运营中心，负责国有资产的保值增值。

2001年

1月18日　1997—2000年黄河上游人工增雨效果评估会在西宁举行，与会领导、专家对黄河上游人工增雨效果给予肯定。

2月26—27日　青海全省气象局长会议审议通过《开拓创新，加快发展，为“十五”计划的实施开好头起好步》工作报告。青海省副省长穆东升出席会议并讲话。

5月8日　经中国气象局批准，成立西宁市气象局。12月，西宁市气象局、青海省气象台、海东地区气象局等相关单位举行交接仪式，新组建的西宁市气象局正式开始运行。

6月1日　青海省第九届人民代表大会常务委员会第二十四次会议审议通过《青海省气象条例》，该条例自8月1日起施行。

6月18日　中国气象局副局长郑国光到青海就天气预报工作及新一代天气雷达拟选地址进行调研。

6月19日　“青海省灾害性天气监测系统”顺利通过专家验收，青海省省委副书记冯敏刚、中国气象局副局长郑国光、原副局长骆继宾等领导参加验收会并讲话。2002年1月1日正式投入业务运行。

6月19—21日　全国特种观测业务研讨会在西宁召开。

7月5—13日　全国政协副主席钱正英率中国工程院有关院士和中科院、清华大学等单位研究员、教授共22人，在柴达木盆地对水资源、气候变化及荒漠化治理等情况进行考察。

7月16—18日　西北五省（区）遥感中心在西宁召开西北地区遥感本底调查及动态监测系统开发项目生态环境分类评价技术交流会，青海省气象局局长王江山、青海省科技厅副厅长格泽·彭措等领导出席会议。项目总负责人——陕西省遥感中心主任管海晏作报告。会后，与会专家对青海生态环境进行实地考察。

7 月 青海省气象局与青海省人才交流中心签署人事代理协议，尝试人事社会化管理。

7 月 互助县气象局被中国气象局授予“文明服务示范单位”称号。

8 月 4 日 中纪委驻中国气象局纪检组组长孙先健等一行在青海省气象部门调研党风廉政建设工作。

8 月 26—31 日 世界气象组织环境处高级官员 Michael H. Proffit 博士在中国大气本底基准观象台参观访问和交流，并对业务工作给予高度评价。

9 月 25 日 中国气象局副局长刘英金等一行在青听取青海省气象局工作汇报，并到基层调研。

11 月 15 日 青海省气象局召开全省气象部门机构改革工作会议，安排机构改革工作。机构改革后，青海省气象局机关设 8 个处（室）和 10 个直属单位。会议通过《青海省气象局机关工作人员上岗实施细则》《青海省各州、地、市气象局聘用合同制实施细则》《青海省气象部门事业单位聘用合同制实施细则》等文件。

11 月 青海省气象局被青海省精神文明指导委员会、中国气象局授予“创建文明行业先进系统”称号。青海省气象局监察审计处被中国气象局授予“全国气象部门纪检监察审计先进集体”称号。

12 月 24—26 日 中国气象局局长秦大河及中国气象科学研究院院长张人禾等一行 9 人到青海检查工作，并与青海省省长赵乐际，省委副书记冯敏刚，副省长穆东升、马培华就青海省气象事业发展问题交换意见。

12 月 25 日 青海省气象局召开青海省气象部门文明系统命名授牌大会，中国气象局、青海省精神文明建设指导委员会命名青海省气象局为创建文明行业先进系统，并为其进行授牌。中国气象局局长秦大河、副省长穆东升等领导出席会议。

2002年

1月26—27日 青海全省气象局长会议审议通过《与时俱进，开拓创新，加快发展，努力开创青海省气象事业发展新局面》工作报告。青海省副省长穆东升出席会议并讲话。

2月23日 中国气象局副局长郑国光等一行专程到青海省气象局听取西北地区人工增雨工程总体方案及建设情况汇报，副省长穆东升及有关部门领导和专家出席会议，郑国光就工程建设情况提出要求。

3月8日 国家科学技术部“九五”西部开发项目“西北地区遥感本底调查及动态监测系统开发”子课题“环青海湖重点区域生态环境遥感本底调查及动态监测系统开发”科研课题，在西宁通过了由青海省科技厅组织的验收。

3月 青海省气象部门依法对尖扎县政府拟修建商住楼影响气象探测环境案进行行政执法，这是青海省气象部门依据《中华人民共和国气象法》开展气象行政执法的首个案例。

3月 青海省气象台邓盛英被全国妇女联合会授予“全国三八红旗手”称号。

4月11日 经青海省机构编制委员会批准，成立西宁市、海东地区、海北州、海南州、黄南州、果洛州、玉树州、海西州、格尔木市人工影响天气管理局和防护雷电管理局，与各州（地、市）气象局合署办公，三块牌子，一套人员。

5月 中国气象局批准建设西宁新一代天气雷达项目，总投资金额为2320万元，其中，青海省人民政府配套资金为600万元。

5月21日 青海省气象局印发《关于开展全省短期天气预报业务竞赛活动的通知》，安排首次全省短期天气预报业务竞赛活动。

5月24日 青海省气象局首次在省电视台发布生态环境监测信息。

6月28日 青海省气象学会召开第九次会员代表大会，青海省气象局党组书记、局长王江山致开幕词，青海省科学技术协会副主席陈小云、青海省社会组织管理局局长傅积仓等领导到会祝贺并讲话。大会选举产生了第九届理事会，王莘当选为理事长，理事会下设8个学科（工作）委员会。

7月19日 美国负责海洋国际环境与科技事务的助理国务卿John Turner夫妇，美国驻华大使馆科技官员等一行3人对青海省进行访问，期间，前往中国大气本底基准观象台进行实地考察。

7月27日—8月3日 青海省气象局精心组织，抽调业务骨干，跟踪服务，为首届环青海湖国际公路自行车赛提供全程气象服务，圆满完成气象保障任务。

8月6日 青海省副省长刘伟平在青海省气象局局长王江山的陪同下，考察青海省气象台、省人工影响天气办公室和省卫星遥感中心，刘伟平副省长要求气象部门认真做好气象服务工作，更好地为青海经济建设服务。

8月13日 青海省气象局决定成立全省县级人工影响天气管理局和防护雷电管理局。

10月 果洛州气象局、甘德县气象局、囊谦县气象局、海南州气象局被青海省委、省政府授予“文明单位”称号。

11月6日 青海省委、省政府授予青海省气象局“创建文明行业工作先进行业”称号。

12月 民和县气象局被中国气象局授予“2002年度重大气象服务先进集体”称号。海北牧业气象试验站被中国气象局、中国气象学会评为2000—2001年气象科技扶贫工作集体三等奖。

12月 青海省气象局邀请青海省人民政府以及青海省人民代表大会有关部门领导就《中华人民共和国气象法》颁布实施三周年举行座谈会。

2003年

1月 果洛州气象局被中央精神文明建设指导委员会授予“全国创建文明行业工作先进单位”称号。

2月19—20日 全省气象局长会议审议通过《以十六大精神为指导，努力推进青海省气象事业新发展》工作报告。青海省副省长穆东升出席会议并讲话。

3月23日 青海省电视天气预报实现主持人播报，结束了长期以来实行“拉洋片”（幻灯片）的历史。青海省电视台台长白居璧、青海省气象局局长王江山等领导参加开播仪式。

5月1日 青海省编委批准成立青海省生态环境监测评估中心。

6月4日 青海省委副书记宋秀岩到青海省气象局调研，要求气象部门在科学开发利用空中水资源上大做文章，把人工增雨作为改善生态，促进发展的大事抓紧抓好。

6月19日 青海省省长赵乐际、副省长穆东升等领导听取青海省气象局局长王江山关于黄河上游人工增雨工作专题汇报。赵乐际指出，省政府将继续支持气象部门在黄河上游地区开展人工增雨作业，争取建立国家黄河上游人工增雨工作的长效机制，把该项工作做得更好。

6月 青海省气象局召开青海省气象系统学习贯彻“三个代表”先进事迹报告会。

7月22日 青海省人民政府办公厅印发《关于进一步做好人工增雨工作的通知》，要求各级政府要充分认识人工增雨工作的重要性，切实加强领导，组织、协调各有关部门共同做好人工增雨工作。

8月5—9日 副省长穆东升到果洛藏族自治州久治、达日、甘德、玛沁县考察黄河上游人工影响天气工作，要求各级政府进一步加强对人工影响天气工作的领导和支持。

8月22日 青海省人大农牧环保委员会组织气象部门以及多家新闻媒体，开始对黄南藏族自治州、果洛藏族自治州及其所属4个县实施《中华人民共和国气象法》《中华人民共和国人工影响天气管理条例》《青海省气象条例》情况，进行首次联合执法检查。

10 月 23 日　以加拿大环境部长助理、气象局局长马克 · 丹尼斯 · 艾维瑞尔博士为团长的加拿大气象代表团，专程到中国大气本底基准观象台参观考察。

10 月 24 日　西宁市第十三届人民代表大会常务委员会第十三次会议通过《西宁市防御雷电灾害条例》。

11 月 29 日　青海省气象局召开西宁新一代天气雷达系统建成庆典仪式，青海省副省长穆东升、中国气象局副局长李黄等领导参加。

12 月　青海省气象局被青海省人民政府授予“第三届环湖赛先进集体”称号。海东地区气象局被中国气象局授予“2003 年重大气象服务先进集体”称号。

本年　西宁市气象局进驻西宁市行政审批服务中心，设立“气象窗口”，开展雷电防护工程施工图、文件和施放系留气球审批手续等工作。

2004年

1月1日 青海省6个国家基准气候站实行自动气象站与地面气象观测双轨业务运行，28个国家基本气象站和13个国家一般气象站实行自动气象站单轨业务运行。

1月6日 海北藏族自治州第十一届人民代表大会第五次会议审议通过《海北藏族自治州防御雷电灾害条例》，自2005年1月1日起施行。

2月13日 青海省电视台气象记者站在西宁正式成立。

2月24日 青海省气象局召开职工大会，中国气象局人事司宣布青海省气象局组成以常国刚为党组书记、局长（任职时间：2004年2月—2007年7月），陈哲明、王莘、张国胜三位同志为副局长，郑建国为纪检组长的新一届领导班子。

2月25—26日 全省气象局长会议在西宁召开，中国气象局局长秦大河、副省长穆东升等领导出席会议。穆东升副省长作《加大人工影响天气力度，进一步发挥在抗旱、防灾和保护生态环境方面的作用》讲话。常国刚局长代表青海省气象局作《开拓创新，扎实工作，努力推进青海省气象事业新发展》工作报告。

3月12日 中共青海省气象局机关第六次党员代表大会在西宁召开，选举郑建国为书记、吕本义为专职副书记。

4月20日 青海省副省长赵永忠针对施放气球活动混乱无序、安全事故频繁发生的状况，要求气象部门认真履行好法律法规赋予的职责，依法加强对施放气球的管理力度，从源头上杜绝安全隐患，确保人民生命财产的安全。

6月2日 青海省气象局第一个民主党派组织——九三学社青海省气象局支社成立。

6月9日 青海省省长杨传堂、副省长穆东升率省政府办公厅、省发改委、省财政厅、省水利厅、省农牧厅的负责人到青海省气象局调研，听取工作汇报，并要求气象部门牢固树立和落实科学发展观，把气象工作与全省经济社会发展紧密结合起来，拓宽领域，提高水平，服务社会，造福人民，努力在服务全省发展中实现气象事业的新发展。

6月23日 青海省"十一五"规划编制工作领导小组办公室同意将青海省气象事业发展规划纳入全省"十一五"专项规划。

6月25—30日 由青海省人大农牧环保委员会组织的执法检查组，先后在海南州共和县、兴海县，玉树州称多县、囊谦县进行检查。

7月16日 青海省副省长穆东升访问中国气象局，与中国气象局局长秦大河、副局长郑国光就联合开展生态环境监测和人工影响天气工作进行磋商。

7月25—30日 由全国政协人资环委员会副主任、中国气象局原局长温克刚任组长，中国气象局副局长郑国光为副组长的联合考察团，在青海省就三江源和环青海湖地区人工增雨与生态环境监测进行实地考察和调研。

7月 囊谦县气象局被中国气象局授予"全国气象部门局务公开先进单位"称号。

7月29日 青海省省长杨传堂签发青海省人民政府第44号令，公布《青海省灾害性天气预警信号发布办法》及其附件(《青海省灾害性天气预警信号及防御指引》)，经2004年7月23日省人民政府第18次常务会议审议通过，自2004年9月1日起施行。

7月30日 青海省政协主席桑结加及部分政协委员到中国大气本底基准观象台调研参观。

8月4日 青海省委常委、副省长李津成到海拔4612米的五道梁气象站，慰问长期坚持在艰苦地区台站的气象职工。

9月 青海省气象局邀请中国科学院院士汤懋苍讲课。

10月27日 青海省副省长穆东升召集省发改委、省财政厅等相关部门一起听取青海省气象局工作汇报。穆东升副省长指出，青海省气象部门要进一步树立和落实科学发展观，依靠先进的技术、高素质的人才以及敬业的气象职工队伍，及时提供各种决策服务信息，努力做好气象服务工作。

10月 青海省气象局党组首次在玉树州气象局分别设置党组书记和局长职位。

11月3日 青海省副省长李津成到青海省气象局调研，要求气象部门主动加强与其他单位的联系，互相合作，争取多上项目，继续加大黄河上游人工增雨力度，扩大人工增雨规模，为"三江源"地区生态建设做出更大贡献。

12月13日 青海省气象局举办青海省第一届电视天气节目观摩评比会。

12月 青海省精神文明建设指导委员会授予黄南州气象局、海东地区气象局、互助县气象局“省级文明单位”称号，玉树州气象局“创建精神文明行业先进单位”称号。

12月 青海省气象台被中国气象局授予“2004年重大气象服务先进集体”称号。

本年 青海省气象局被青海省委、省政府命名为“创建文明行业工作先进行业”。

本年 青海省气象局气象大厦（13层，建筑面积13734.88平方米）、培训楼（6层，建筑面积4918.43平方米）落成。

2005 年

1 月 1 日　海东地区气象局精神文明建设先进事迹和化隆县气象局创建文明单位先进事迹被选入中央文献出版社出版的《中国精神文明大典》(第三卷)。

1 月 22 日　青海省发展和改革委员会下发《关于青海省气象有偿服务收费标准的通知》。

1 月 27—28 日　全省气象局长会议审议通过《以科学发展观为指导,促进青海省气象事业跨越式发展》工作报告。青海省副省长穆东升出席会议并讲话。

1 月　中国气象局副局长许小峰到青海省气象部门慰问广大气象职工。

2 月　青海省气象局召开保持共产党员先进性教育活动动员会。

5 月 18 日　根据《青海省灾害性天气预警信号发布办法》(省政府令 44 号),青海省气象台通过省(市)电视台、电台、手机短信等渠道首次向社会成功发布暴雪黄色预警信号,并在当日中央电视台新闻联播节目中播出,取得较好的社会效果。

6 月 26—30 日　青海省气象局机关和业务平台搬迁至气象大厦。

7 月 4 日　由于果洛州阿尼玛卿山冰崩形成堰塞湖溃坝(2004 年 2 月 10 日)气象服务准确及时,青海省防汛抗旱指挥部在上报省委、省政府的《防汛专报》上,对青海省气象部门在阿尼玛卿堰塞湖溃坝事件中所做的工作给予了充分肯定,副省长穆东升作出批示:“果洛州、省国土资源厅、省水利厅、省气象局密切配合,协调作战,多项防洪措施落实到位,确保了群众的生命财产安全,把损失降到了最低。感谢参与这项工作的你们所做的一切努力。果洛州气象局监测细致,分析准确,预报及时,应予表扬。”

7 月 13 日　省天气预报电视会商系统开通,青海省首次参加全国电视天气预报会商。

7 月 14 日　《环青海湖国际公路自行车赛气象服务标准》通过了青海省质量技术监督局的审查,并批准公布。

7月 青海省气象局和青海师范大学签署局校合作协议,培养气象科技人才。

8月11日 由青海省气象台承担的“青海省草原地区火险指数预报技术方法研究”通过验收,此课题填补了青海省草原火险预报的空白。

8月18—20日 青海省气象局举行成立50周年庆祝活动。中国气象局局长秦大河和青海省副省长马培华等领导出席大会并讲话。中国气象局、青海省人大常委会、青海省人民政府、青海省政协等单位的领导以及兄弟省气象局、合作院校的领导及离退休老干部参加庆祝大会。

8月18日 中国气象局局长秦大河及中国科学院院士孙鸿烈为国家生态与环境野外科学观测研究站网络——瓦里关大气成分本底国家野外站揭牌,同时赴瓦里关中国大气本底基准观象台调研和指导工作。

8月19日 由中国气象局、世界气象组织、国家科学技术部、国家自然科学基金委员会等共同发起的全球大气本底观测国际研讨会暨中国大气本底基准观象台成立10周年纪念活动在西宁召开,来自美国、加拿大等8个国家的19名国际代表以及国内有关部门的近百名代表出席了这次学术活动。中国气象局局长秦大河、青海省副省长马培华以及中国科学院院士孙鸿烈出席活动。

8月31日 青海省人民政府和中国气象局在西宁举行《建设三江源人工增雨体系合作协议》签字仪式,中国气象局副局长许小峰和副省长马建堂等领导出席签字仪式并讲话。

8月 青海省副省长穆东升到湟中、湟源县检查高炮防雹增雨工作,并慰问作业工作人员。

9月20日 中国国际咨询公司组织中国气象局、国家林业局、北京大学、中国科学院大气物理研究所等单位专家,在北京论证通过《青海三江源自然保护区人工增雨工程可行性研究报告》。

10月26日 海东地区气象局被中央文明委授予“全国精神文明建设先进单位”称号。

11月3日 青海省委副书记、省长宋秀岩在《气象信息专报》上作出批示:“省气象局的气象信息提供及时、准确,为政府准确决策,及早采取措施,做好各方面工作起到了积极作用。”

11 月 18 日　上海市浦东新区气象局与玉树州气象局在西宁举行签约仪式，共同签署结对共建协议书，这也是全国气象部门对口交流合作活动开展之后正式签约的第一家。

12 月 28 日　人事部、中国气象局联合表彰全国气象工作先进集体和全国气象先进工作者，沱沱河气象站被授予“全国气象工作先进集体”荣誉称号；曲麻莱县气象局局长尕才（藏族）被授予“全国气象先进工作者”荣誉称号；青海省气象台被授予“全国重大气象服务先进集体”称号；果洛州气象台副台长严异德被授予“全国重大气象服务先进个人”称号。

12 月 28 日　中国气象局监测网络司正式下发业务技术体制“三站四网”实施方案。青海省 15 个台站（包括中科院唐古拉山冬克玛底冰川站）被确定为国家气候观象台，29 个台站被确定为国家气象观测站一级站，11 个台站被确定为国家气象观测站二级站。

12 月　久治县、贵德县、互助县、海东地区、海西州气象局被中国气象局授予“全国气象部门局务公开先进单位”称号。囊谦县气象局被中国气象局授予“全国气象部门纪检工作先进集体”称号。海北牧业气象试验站被中国气象局、中国气象学会评为“气象科技扶贫工作集体三等奖”。

12 月　青海省副省长穆东升到青海省气象局看望广大气象职工并了解气象服务工作情况。

本年　青海省气象局被青海省人民政府授予“青海省普法治理先进单位”称号。

2006 年

2 月 7 日　青海省总工会授予青海省气象科学研究所所长李凤霞“全省女职工建功立业标兵”荣誉称号。

2 月 10 日　中国气象局授予民和县气象站马万才“全国质量优秀测报员”称号。

3 月 21 日　青海省气象部门首次在三江源地区实施人工增雨作业并取得成功。

5 月 8 日　青海省气象局建立全省统一“12121”气象信息电话服务平台。

5 月 16 日　在全国气象科技大会上，青海省气候中心秦宁生被授予“全国气象科技先进工作者”荣誉称号。

6 月 1—2 日　由世界自然基金会（WWF）资助，中国气象局、世界自然基金会、中国青藏高原研究会和青海省气象局共同主办的“长江源区气候变化的适应策略”研讨会在西宁召开，与会专家学者就气候、水资源、冰川冻土、生态、草地植被、湿地、藏羚羊、高原鼠害等诸多方面进行了交流。

7 月 4 日　中共青海省委办公厅给省气象局发来感谢信：6 月 30 日—7 月 1 日，中共中央总书记、国家主席、中央军委主席胡锦涛来我省参加举世瞩目的青藏铁路全线建成通车庆典活动和视察期间，由于你单位的大力支持，特别是参加接待工作的恪尽职守、服从命令、听从指挥，确保了这次任务顺利、安全、圆满地完成。在此，表示衷心感谢！

7 月 10 日　青海省人民政府以青政〔2006〕55 号文印发《青海省人民政府关于贯彻落实〈国务院关于加快气象事业发展的若干意见〉的实施意见》，明确了未来 15 年青海省气象事业的总体要求、发展目标、主要任务和保障措施。

7 月 28 日　青海省第十届人大常委会第二十三次会议审议通过新修订的《青海省气象条例》，新条例于 2006 年 10 月 1 日起施行。

9月19日　“气象窗口”“防雷检测窗口”进驻西宁市人民政府行政审批服务大厅，并进入试运行阶段。

10月25日　青海省委副书记、省长宋秀岩和副省长穆东升在省发改委、省气象局、省财政厅、省农业局、省旅游局等单位主要领导的陪同下，到中国大气本底基准观象台调研。宋秀岩省长要求青海省气象部门加大对中国大气本底基准观象台的宣传力度，努力扩大在社会的知名度，为环境保护工作再立新功。宋秀岩省长还欣然题词：“为世界气象服务，为中国环保争光。”

12月13日　青海省省长宋秀岩在省气象局报送的《关于2006年人工影响天气工作情况的报告》上作出批示：“青海省气象局2006年开展人工影响天气工作扎实有效，特别是在三江源地区实施人工增雨方面进行了大量研究、探索、试验，取得了很好的成绩，积累了经验，为今后更好地实施江河源头及重要生态功能区的人工增雨项目提供了很好的借鉴。感谢气象部门的辛勤工作，感谢中国气象局给予青海的大力支持。”

12月22日　青海省省长宋秀岩主持召开青海省人民政府第60次常务会议，审议通过《青海省人工影响天气管理办法》。

12月24日　果洛藏族自治州玛多县气象局、西宁市大通县气象局被授予“全国气象部门文明台站标兵”称号。

12月31日　青海省省长宋秀岩签署第56号政府令，公布《青海省人工影响天气管理办法》，该办法将于2007年2月1日起施行。

同日，青海省11个气象台站的业务切换为国家基准气候观象台，28个台站的业务切换为国家气象观测站一级站，11个台站的业务切换为国家气象观测站二级站。

2007年

3月7日 青海省委副书记、省长宋秀岩到中国气象局参观考察，与中国气象局局长秦大河就省部合作共建三江源自然保护区人工增雨工程、青海艰苦气象台站生活基地建设等问题进行了磋商。

6月15日 中国气象局党组任命陈晓光为青海省气象局党组书记、局长。免去常国刚青海省气象局党组书记、局长职务，另有任用。

7月30日 由国家人事部和中国气象局主办，青海省气象局承办的气候变化与西部生态环境高级研修班在西宁举行，来自西部各省（自治区、直辖市）的40余名专家、学者参加研修班，中国气象局副局长王守荣出席开班仪式并作报告。

8月2日 全国气象行政许可和行政执法经验交流与研讨会在西宁召开，会议通报了国务院关于行政审批制度改革工作的最新进展和要求，系统总结和交流了近年来各地实施行政许可的做法和经验，认真分析了当前行政执法工作中存在的问题，深入探讨和研究了进一步规范和推动气象行政许可工作的途径和措施。

8月9日 全国政协副主席李蒙，全国政协人口资源环境委员会副主任温克刚，中国科学院院士、中国气象学会理事长秦大河等领导在青海省委常委、常务副省长李津成的陪同下，到青海省玉树州称多县清水河镇视察生态移民工作期间，看望清水河气象局工作人员。

8月27日 省委副书记、省长宋秀岩在省气象局报送的《气象信息快报》第15期上作出重要批示："晓光，此次青海省部分地区降雨过程发生后，气象部门反应迅速，所送快报及发出的预警信号对领导决策、快速组织抢险发挥了重要作用。特别是省局局长亲自到第一线了解灾情，表现出了对国家和人民群众生命财产高度负责的精神，特向全省气象部门的你们表示感谢！"

9月7日 青海省人民政府办公厅下发《贯彻落实〈国务院办公厅关于进一步加强气象灾害防御工作的意见〉的实施意见》。

11 月 5 日 青海省防灾减灾重点实验室在西宁正式成立，并召开第一次学术委员会会议，讨论了《青海省防灾减灾重点实验室建设方案》和《青海省防灾减灾重点实验室学术委员会章程》，聘任 13 个厅局的领导为防灾减灾重点实验室领导小组成员，聘任中国科学院、中国工程院院士及相关科研院所的著名科学家丑纪范、李泽椿、丁一汇、林而达、徐祥德、许焕斌为防灾减灾重点实验室的科学顾问，设置灾害预报与应急技术、气候变化应对、人工影响天气、灾害监测与评估、大气化学 5 个研究室。12 个厅级单位的领导，青海省防灾减灾重点实验室聘请的科学顾问和学术委员会委员，中国气象局、总参大气环境研究所、兰州大学、南京信息工程大学等单位的领导和专家参加成立大会。

12 月 3—5 日 由青海省总工会、青海省气象局、青海省劳动与社会保障厅联合举办的青海省第三届职工职业技能大赛暨首届气象行业天气预报技能竞赛在西宁举行，青海省委常委、青海省总工会主席穆东升出席开幕式并听取省气象局的工作汇报。本次天气预报技能大赛个人全能前三名分别为青海省气象台张青梅、海西州气象台罗显发、海东地区气象台刘蓉娜；集体前三名分别为青海省气象台二队、海南州气象台队、青海省气象台一队。

12 月 10 日 青海省人民政府召开全省气象防灾减灾大会，总结全省气象防灾减灾工作经验，研究部署全省气象防灾减灾工作。中国气象局副局长许小峰、青海省副省长邓本太出席会议并作重要讲话，青海省气象局局长陈晓光作题为《积极应对气候变化 全面防御气象灾害 为建设富裕文明和谐新青海提供有力气象保障》的报告，对今后一个时期的气象防灾减灾工作进行了全面部署。

12 月 17 日 青海省人民政府办公厅下发《关于建立气象防灾减灾工作联席会议制度的通知》。

12 月 19 日 青海省人民政府以第 63 号令公布《青海省气象灾害预警信号发布与传播办法》。

2008年

1月28日 青海省气象科学研究所李凤霞被中国气象局批准为享受第三届西部优秀年轻人才津贴人选。

2月1日 施行《青海省气象灾害预警信号发布与传播办法》。

4月28日 青海省总工会在青海省会议中心隆重召开“庆祝五一国际劳动节暨表彰大会”，青海省气象台天气预报气象工程师张青梅获得中华全国总工会颁发的“五一劳动奖章”。同日，青海省气象培训中心岗位培训部在全国妇女“迎奥运百城千岗”表彰电视电话会议上被授予“全国巾帼文明岗”称号。

5月12日 四川省阿坝藏族羌族自治州汶川县发生8.0级地震，涉及青海省部分地区。青海省气象局局长陈晓光签发全省气象部门进入地震灾害气象服务Ⅱ级应急响应命令。陈晓光局长主持召开省气象局专题会议，安排部署全省气象部门抗震救灾工作。

7月2日 青海电视台卫星频道首播的《正午时分》新闻栏目增加由省气象台影视宣传中心制作的《午间气象》服务节目，这是青海省电视荧屏首次在白天时段播出气象服务信息。

7月4日 青海省人民政府第13次常务会议审议通过《青海省应对气候变化地方方案》，并决定成立青海省气候变化监测评估中心。

7月24日 青海省人民政府印发《青海省应对气候变化地方方案》。

7月25日 全国首家由地方政府批准成立的专门从事气候变化监测、评估业务的事业单位——青海省气候变化监测评估中心在青海省气象局举行挂牌仪式。

8月12日 青海省气象局印发《青海省一、二类艰苦气象台站人事管理机制改革试点实施方案》，将于2008年10月在全省气象部门一、二类艰苦气象台站正式实施人事管理机制改革试点工作。

8 月 18—20 日　中国气象局郑国光局长一行在青海省气象部门调研。19 日，青海省委中心组召开学习会，邀请中国气象局局长郑国光作题为《高度重视全球气候变化挑战 大力加强我国应对能力建设》的专题报告。青海省委书记强卫、省委副书记骆惠宁，省委常委、省人大和省政协领导及省委各部门，省直机关各单位，高等院校，科研院所，中央驻青单位，在西宁的省属大型企业，各人民团体，民主党派，省工商联主要负责人参加了会议。会前，青海省委书记强卫会见了郑国光局长，双方就青海省气象事业发展问题交换了意见，青海省委常委、宣传部长曲青山参加了会见。20 日，中国气象局局长郑国光到互助县气象局调研。

9 月 26 日　甘德县气象局、贵德县气象局被评为全国气象部门文明台站标兵。

10 月 15 日　首部固定 X 波段全相参多普勒天气雷达在海西州气象台完成安装调试。

10 月　中国气象局党组任命孙安平为青海省气象局党组成员、副局长。

11 月 14—21 日　青海省三江源人工增雨工程综合监测项目中闪电定位仪系统在河南、兴海、玛沁、久治、达日 5 个站安装建成。

11 月 15—27 日　“青海省三江源人工增雨工程综合监测”项目中的 52 个区域自动气象站安装完毕，并通过验收，投入业务试运行。

12 月 1 日　青海省气象局机关公务卡试点工作正式启动，青海省气象局是青海省第一家实行公务卡试点的中央预算单位。

2009 年

1月1日 全省国家级气象台站按照国家基准气候站、国家基本气象站和国家一般气象站业务运行，完成了自动气象站 OSSMO2004 业务软件的切换工作。

3月5日 省气象科技服务中心建成的气象短信业务拓展外呼工作平台投入业务运行。

3月30日 全省52个气象台站探测环境实景监测系统建成并投入运行。

4月21日 青海省气象局首次利用视频会商系统召开全省汛期气候趋势预测会商会。

4月 中国气象局党组任命许维俊为青海省气象局党组成员、纪检组组长。

5月19日 青海省委副书记、省长宋秀岩在青海省气象局报送的《5月9—14日三江源地区和东部地区人工增雨作业情况》（《气象信息专报》2009年第15期）上批示："省人影办抓住青海省降水天气的有利时机，有效实施人工增雨作业，对增大降雨量、缓解农牧区旱情，发挥了很好的作用，取得了明显的成效。请晓光代我感谢你们的辛勤工作。"

6月16日 在北京召开的中国首届野外科技会议上，青海省瓦里关中国大气本底基准观象台获得"全国野外科技工作先进集体"称号。

7月30日—8月9日 海南州兴海县子科滩镇发生肺鼠疫，青海各级气象部门及时进入应急响应状态，应急处置、应急气象保障服务工作得到中国气象局领导和各级政府的肯定和好评。

8月1日 玉树州巴塘机场正式通航，参加完首航仪式的中共青海省委副书记、省长宋秀岩听取了气象部门的工作汇报，充分肯定了气象部门为巴塘机场提供的气象保障服务工作，并希望气象民航两部门加强合作，为青海经济社会发展做出新的贡献。青海省气象局陈晓光局长参加了通航仪式。

9月16日 西宁市二十里铺气象站被中国气象局、中国气象学会命名为"全国气象科普教育基地"。

12 月 1 日 中国天气网“青海站”正式上线。

12 月 28 日 人力资源和社会保障部、中国气象局联合发出《关于表彰全国气象系统先进集体和先进工作者的决定》，果洛州气象局被授予“全国气象系统先进集体”荣誉称号，甘德县气象局局长余生虎被授予“全国气象系统先进工作者”荣誉称号。

2010 年

2 月 10 日 青海省气象台有主持人的藏语电视天气预报节目开播。

3 月 22 日 青海省委书记强卫、副省长邓本太一行到民和县视察农田土壤墒情和春播备耕工作，专门听取了民和县气象局有关前期天气气候特点的汇报，对气象部门做好春播备耕气象服务工作提出了要求。

4 月 14 日 7 时 49 分，玉树州玉树县结古镇发生里氏 7.1 级强烈地震。11 时 35 分，青海省气象局启动地震灾害Ⅰ级应急响应，成立抗震救灾应急指挥部。

4 月 17 日 国家抗震救灾指挥部副总指挥，青海省委、省政府抗震救灾领导小组组长，青海省委书记强卫，与青海省省长骆惠宁一同听取了玉树州气象局抗震救灾气象服务工作汇报，并对其工作给予了充分肯定。5 月3 日，青海省玉树抗震救灾指挥部副指挥长、副省长邓本太，在青海省人民政府副秘书长王胜德和青海省气象局副局长孙安平的陪同下，到玉树州气象局看望慰问受灾气象职工，检查指导气象抗震救灾工作。10 月 7—9 日，中国气象局局长郑国光带领中国气象局办公室、计财司负责人到青海省气象部门调研并前往玉树地震灾区视察和慰问灾区气象职工。在青海期间，郑国光局长先后会见了青海省委书记强卫，青海省委副书记、省长骆惠宁，青海省委常委、省总工会主席穆东升及青海省副省长邓本太、张建民，玉树州委书记旦科等领导，就青海省气象事业“十二五”规划、气象防灾减灾、玉树灾后恢复重建气象保障服务等工作进行了交流。

5 月 21 日 中国气象局党组决定，免去陈晓光中共青海省气象局党组书记、省气象局局长职务，由王莘全面主持青海省气象局工作。

6 月 25 日 青海省人民政府授予青海省气象科学研究所所长、正高级工程师李凤霞“青海省优秀专家”称号。

7 月 14 日 青海省委书记强卫、青海省副省长邓本太专门到格尔木市温泉水库防汛抢险气象保障服务组，看望慰问灾区一线气象科技人员，并听取气象工作汇报。强卫书记对格尔木温泉水库防汛抢险气象保障服务工作给予了高度评价。

8 月 19 日 中共中央、国务院和中央军委在青海省西宁市举行全国抗震救灾总结表彰大会，玉树州气象局严兴起获“青海玉树全国抗震救灾模范”荣誉称号。

10 月 28 日 全省综合气象观测系统运行监控平台在青海省大气探测技术保障中心安装完毕，于 11 月 1 日正式投入业务试运行。

11 月 29 日 青海省气象局被全国老龄工作委员会评为“全国老龄工作先进单位”。

11 月 30 日 青海省人民政府办公厅印发《青海省重大气象灾害应急预案》。

12 月 1 日 《青海省省级农用天气预报业务服务工作细则》正式实施。

12 月 4 日 青海省首个空间天气电离层测高仪观测站建成。

12 月 6—25 日 全省范围内建成了 55 个自动土壤水分观测站。

2011年

1月6日 中国气象局下发表彰全国气象部门文明台站标兵的决定，互助县气象站、祁连县气象站被授予“第三批（2009—2010年）全国气象部门文明台站标兵”称号，并继续保留2006年度评选的大通县气象站、玛多县气象站和2008年度评选的贵德县气象站、甘德县气象站“全国气象部门文明台站标兵”荣誉称号。

1月12—14日 青海省气象部门有6个单位、9名个人获得全国重大气象服务先进集体、先进个人表彰。

2月18日 青海省省长骆惠宁在2011年第5期《气象信息快报》上作出批示：“省气象局在做出精确预报的同时，积极安排人工增雨（雪）措施，初见成效，望再抓机遇，尤其是要做好东部春季增雨工作。”

2月26日 青海省省长骆惠宁率工作组在海东地区考察春耕春播工作，专程到乐都县吴家台人工增雨作业点检查指导工作，要求气象部门提前进行人工增雨作业，努力增加降水，有效遏制旱情，为春耕春播生产服务。

3月25日 青海省人民政府规划办公室在青海省气象局组织召开“十二五”省级重点专项规划《青海省“十二五”气象发展规划》评审会。省政府规划办、省发改委、省科技厅、省林业厅、兰州大学、中国气象局成都高原气象研究所、中国气象局兰州干旱气象研究所、中国气象局乌鲁木齐沙漠气象研究所等单位的领导与专家共29人参加了会议。与会专家同意规划通过评审，并提出了部分修改意见。

4月9日 2011年度陕甘宁蒙青跨省（区）人工增雨作业协调会暨人影工作研讨会在西宁举行。中国气象局副局长矫梅燕和青海省政府副秘书长毛占彪出席会议并作讲话。中国气象局减灾司、中国气象科学研究院、中国气象局人影中心，以及甘肃、陕西、宁夏、内蒙古、四川、山西、广西、新疆、青海等省（自治区）气象局领导和专家参加了会议。

同日，青海省委书记强卫、副省长邓本太在西宁会见了中国气象局副局长矫梅燕，双方就促进青海省气象工作又好又快发展充分交换了意见。

5月25日 青海省气象局印发《青海省气象部门首席预报员岗位设置及管理办法（试行）》（青气发〔2011〕37号），加快推进预报员队伍建设。

6月25日 2011年度国家优质投资项目颁奖典礼在北京钓鱼台国宾馆举行。青海省气象局承担的三江源自然保护区人工增雨工程与北京至天津城际轨道交通工程、杭州湾跨海大桥等37项工程，荣获国家优质投资项目奖。

6月30日 青海省气象局刘小燕同志被授予“全省优秀党务工作者”称号，受到中共青海省委表彰，并当选为全省优秀党务工作者代表，参加了青海省庆祝中国共产党成立90周年大会，受到省委书记、省人大常委会主任强卫，省委副书记、省长骆惠宁等领导亲切会见。

7月20日 青海省人民政府办公厅下发《青海省人民政府办公厅关于进一步做好气象预警信息发布工作的通知》（青政办〔2011〕159号）。

7月26日 青海省人民政府办公厅下发《青海省人民政府办公厅关于进一步加强人工防雹基础设施建设的通知》（青政办〔2011〕162号）。

7月27日 青海省人民政府办公厅印发《青海省“十二五”气象发展规划》（青政办〔2011〕165号）。

9月27日 青海省省长骆惠宁在《关于2011年春季抗旱人工增雨情况的报告》上作出批示：“今年春季人工增雨对缓解旱情发挥了重要的作用，向气象部门的你们表示亲切的问候，请总结经验，再战明春。”

9月30日 中国气象局政务办公系统在青海省气象局开通使用。

10月28日 地震过渡安置房防雷技术规范、环青海湖国际公路自行车赛气象服务标准、雷电防护装置检测质量管理、新建建（构）筑物雷电防护工程检测技术规范四项雷电技术规范在省科技厅进行科技成果登记。

12月19日 青海省人民政府法制办公室主持召开《青海省瓦里关大气本底基准观象台探测环境和设施保护办法》立法专家论证会，省委政研室、省发改委、省国土厅、省住建厅、省环保厅等有关部门专家及海南州、共和县政府有关领导参加了论证会。

2012 年

3 月 9—11 日　青海省防灾抗灾保畜指挥部总指挥、副省长邓本太在果洛州检查指导雪灾抗灾救灾工作,对气象服务工作给予高度评价。

3 月 21 日　托勒气象站气象宽带网开通,并建成了视频会商和实景监控系统,实现了青海全部气象台站网络全覆盖。

3 月 31 日　20 时,按照中国气象局要求,青海省国家级气象台站实现了地面气象观测业务调整和观测资料实时传输方式的正式切换。格尔木国家基准气候站长期保留人工器测任务,其余基准站云和能见度的人工定时观测次数由每日 24 次调减为每日 8 次,基本站取消天气报,取消气温、相对湿度、气压、风向、风速、降水量等人工自记仪器观测任务。同时,取消了地面常规报文,用新的长 Z 文件代替了所有的地面观测数据。

同日,青海省气象部门地面宽带网 MSTP 线路的升级改造全面完成,省—州(地、市)局宽带升级到 6 M,州(地、市)—县局(站)宽带升级到 4 M。

4 月 9 日　青海省气象科学研究所承担的“三江源湿地变化与修复技术研究与示范”项目获得青海省科学技术进步二等奖。

4 月 23 日　青海省气象卫星广播系统(CMACast)正式启用,取代了原来的 PCVSAT 和 DVB-S 接收站系统。自 5 月 1 日起,所有气象资料接收及应用全部由 CMACast 系统承担。

4 月 26 日　青海省委书记强卫调研慰问青海省气象科学研究所遥感监测与生态评估中心“青年文明号”。

7 月 3 日　青海省委副书记王建军在 2012 年第 21 期《气象信息专报》上作出批示:“天帮忙对农牧业生产很重要。气象工作跟进服务当表扬。请农牧厅加强与气象部门的沟通和联系,提高指导农牧业生产的科学化水平。眼下要依气象和时节,加强对可能出现的病虫害的监测和预防。”

7 月 26 日　8 时 30 分，青海省气象局启动黄河上游防汛Ⅲ级气象服务应急响应，各级气象台站进入应急响应状态。

7 月 31 日　中国气象局党组决定，谢双亭任中共青海省气象局党组书记、青海省气象局局长，王莘任青海省气象局巡视员。

9 月 12—14 日　中国气象局副局长沈晓农陪同世界气象组织主席戴维·格莱姆斯一行到青海省气象部门参观访问。期间，青海省副省长张光荣会见了戴维·格莱姆斯和沈晓农一行。

10 月 20—25 日　青海省委开展长江源头格拉丹东雪山腹地考察工作。青海省气象局专门成立气象保障服务领导小组和保障服务组，制定保障服务方案，在中国气象局国家卫星气象中心和国家气象中心的大力支持下，为考察活动提供了优质气象保障服务。期间，青海省委书记强卫到沱沱河气象站看望慰问常年坚守在工作一线的高原气象工作者。青海省委办公厅发来感谢信，充分肯定格拉丹东考察气象保障服务工作。

11 月 8 日　青海省气象局机关全体人员集体收看党的十八大开幕式，谢双亭局长对学习贯彻党的十八大精神提出要求。

11 月 20 日　青海省气象局党组制定印发《全省气象部门学习贯彻党的十八大精神工作方案》。

12 月 25 日　中国气象局下发表彰全国气象部门文明台站标兵的决定，河南县气象站、都兰县气象站被授予“第四批（2011—2012 年度）全国气象部门文明台站标兵”称号，并继续保留前三批评选的大通、玛多、贵德、甘德、互助、祁连等县气象站“全国气象部门文明台站标兵”称号。

12 月 28 日　青海省人民政府下发《青海省人民政府办公厅转发省气象局关于进一步加强人工影响天气工作的实施意见》（青政办〔2012〕335 号），要求各级政府和有关部门认真贯彻执行。

2013 年

1 月 5 日 国家发展和改革委员会批复《青海湖流域生态环境保护与综合治理规划人工增雨工程可行性研究报告》,总投资 13012 万元。

4 月 22 日 青海省人民政府印发《青海省突发事件预警信息发布管理办法》,进一步规范突发事件预警信息对外发布流程。

5 月 9 日 青海省委副书记王建军在省气象局报送的决策材料《气象信息快报》上批示:"天帮忙,人努力,对农业生产至关重要。省气象局科学研判,跟进作业,功不可没。请继续为农牧业生产提供有效服务。"

5 月 24 日 中国气象局审核批准《青海省气象局县级气象管理机构参照公务员法管理工作实施细则》。根据安排,青海省气象局县级气象管理机构参照公务员法管理工作开始分阶段实施。

6 月 1 日 按照中国气象局要求,青海省 15 个新型自动气象站正式投入业务运行。各相关台站在 5 月 31 日 20 时使用原自动气象站传输 20 时正点资料后,立即启用新型自动气象站。新型自动气象站吸收了电子信息技术最新发展成果,在软件设计、硬件结构、防雷性能、处理存储能力等方面比原自动气象站有较大提升,投入业务运行后,将提高地面常规气象要素观测和灾害天气观测的准确率。

6 月 14 日 青海省副省长严金海到青海省气象局调研指导工作,充分肯定了气象部门在防汛抗旱、防灾减灾、为农牧业服务等方面发挥的重要作用,要求努力提高天气预报准确率,进一步做好气象防灾减灾及为农牧业服务工作。

7 月 16 日 《青海省人民政府拟决定取消和调整的行政审批项目目录》(省政府令〔第 98 号〕)公布,"人工影响天气作业人员资格认可"项目被列为决定取消的 86 项行政审批项目之一;"大气环境影响评价使用非气象主管部门提供的气象资料审查"项目被列为下放管理层级的 51 项行政审批项目之一,该项目下放管理层级至市(州)、县气象主管机构。

7 月 20 日 国家标准《北方牧区草原干旱等级》正式实施，该标准由青海省气象科学研究所编制完成。

7 月 25 日 青海省首个“校园气象站”在西宁市二十一中建成，该项目由省气象局与西宁市二十一中合作开展，青海省气象局在人力、技术及资金方面给予了大力支持。

7 月 30 日 青海省气象局召开党的群众路线教育实践活动动员大会，青海省气象局党组书记谢双亭作教育实践活动动员报告，中国气象局第十督导组组长祝燕德等出席会议并进行督导，青海省气象局党组副书记王莘主持会议并做大会总结。

8 月 19 日 《青海省基层气象台站简史》出版，该简史填补了青海基层气象台站专业史志的历史空白，是青海气象文化建设的一项重要成果。

8 月 21 日 本日 08 时至次日 08 时，大通县出现特大暴雨，降水量达 144.9 毫米，不仅创该站有气象记录以来历史日降水量极大值，同时也创全省单站日降水量历史极大值。

9 月 中国气象局党组任命李凤霞为青海省气象局党组成员、副局长。

10 月 29 日 由青海省气象局牵头起草，国家气象中心、内蒙古自治区气象局、新疆维吾尔自治区气象局、青海省草原总站等相关单位参与制定的气象行业标准《北方草地监测要素与方法》经中国气象局批准公布，自 2014 年 2 月 1 日起开始实施。

同日，青海省气象局印发《青海省气象现代化建设总体方案》。

11 月 15 日 经中国气象局党组审批并报国家公务员局备案，青海省 36 个县级气象管理机构 124 名参公管理人员正式获准登记，其进入参照公务员法管理机关工作人员队伍时间按《中国气象局县级气象管理机构参照公务员法管理工作方案》执行。

2014年

1月1日 青海省人民政府行政服务和公共资源交易中心“气象窗口”正式入驻并启动运行。

1月6日 国家人力资源和社会保障部、中国气象局决定授予玉树州气象局“全国气象工作先进集体”荣誉称号；授予陈定稳“全国气象工作先进工作者”荣誉称号，陈定稳享受省部级先进工作者和劳动模范待遇。

2月7日 青海省气象科学研究所刘宝康获得中国气象局2013年“重大气象服务先进个人”称号。

3月8日 中华全国妇女联合会下发《关于授予全国三八红旗手标兵、全国三八红旗手、全国三八红旗集体荣誉称号的决定》，青海省气象局张景华荣获“全国三八红旗手”称号。

4月10日 青海省人民政府颁布省政府第101号令，决定将青海省气象局“升放无人驾驶自由气球、系留气球单位资质认定”行政审批项目的管理层级下放至市（州）气象主管机构，决定将青海省气象局“防雷装置设计审核和竣工验收、升放无人驾驶自由气球或者系留气球活动审批”等两项行政审批项目的管理层级下放至市（州）、县两级气象主管机构。

4月17日 著名电影表演艺术家秦怡、著名导演黄健中及青海省气象局原局长徐建伟一行来青参观访问省气象局、省气象服务中心、省人影办等单位，了解相关气象知识，与青海省气象局领导、专家学者进行交流座谈，为电影《青海湖畔》做拍摄准备。

5月8日 青海省气象局制定印发《青海省县级气象业务机构及岗位设置实施意见》，以调整和完善县级气象机构、编制和运行机制为重点，推进县级气象业务机构设置改革工作。全省40个县级气象局全面完成气象业务机构和岗位设置工作。

同日，青海省气象局门户网站“青海气象网”改版后正式上线启用。

5 月 16 日 中国气象局批准王黎俊、朱宝文、李红梅 3 名同志为第六届西部优秀青年人才津贴享受人选。

5 月 23—24 日 青海省人民政府在黄南州组织召开全省气象为农服务工作会议暨现场观摩会。中国气象局减灾司副司长王志华，黄南州州长李忠，青海省气象局局长谢双亭、副局长李凤霞出席并讲话，各市（州）政府分管负责人，青海省委农办、省科技厅、省财政厅等 62 名代表参加会议。青海省副省长严金海批示要求："气象科技对农牧业生产、防汛抗旱、森林草原防火、重大社会活动、百姓日常生活等提供了及时准确的预警预报服务，成绩应予肯定。望进一步增强群众观念，提高工作能力和水平，为全省'三农三牧'再立新功。"

7 月 11 日 青海省委副书记、省长郝鹏在第 61 期决策气象信息《入夏以来青海省降水量突破历史极值》上批示："金海并兴龙、双亭，今年入夏以来，青海省大范围降水偏多，防洪涝灾害形势严峻，目前处于防汛抗洪的关键阶段，请你们安排部署进一步做好防汛安全工作，确保各项措施落实，确保人民生命财产安全。"（注："金海并兴龙、双亭"分别指青海省副省长严金海、青海省水利厅厅长陈兴龙、青海省气象局局长谢双亭）。

8 月 中国气象局党组任命胡文超为青海省气象局党组成员、纪检组组长。

9 月 15 日 青海省人民政府办公厅印发《关于加快推进气象现代化的指导意见》（青政办〔2014〕153 号），明确加快推进青海气象现代化的总体要求、重点任务、保障措施等。

9 月 30 日 青海省人民政府召开表彰大会，对近年来为全省经济社会发展做出突出贡献，具有鲜明时代特色的模范集体和先进个人进行表彰奖励。青海省卫星遥感中心被授予"青海省模范集体"称号。

11 月 28 日 青海省质量技术监督局正式批准实施《光伏发电站雷电防护装置检测技术规范》，填补了国内光伏发电站防雷检测技术标准的空白。

2015年

3月18日 青海省气象局召开全省标准化高炮人工影响天气作业点建设工作会议，安排部署全省107个标准化防雹炮点建设工作。青海省财政厅、青海省气象局、湟中等18县（区）政府主管副县长和县人影办主任共50多人参加会议。

3月27日 青海省第十二届人大常委会第十八次会议审议通过《青海省气象灾害防御条例》，自2015年6月1日起施行。

4月22日 中国气象局党组书记、局长郑国光在京会见了来访的青海省副省长严金海一行，双方就推进青海气象现代化和谋划青海气象“十三五”规划等事宜进行会谈。

5月14日 青海省气象局召开全省气象部门“三严三实”专题教育动员电视电话会，青海省气象局党组书记、局长谢双亭作动员讲话，对开展专题教育提出要求。

5月21日 青海省人民政府应急办下发《关于做好国家突发事件预警信息发布系统业务化运行工作的通知》（青政应急〔2015〕3号），要求各市（州）人民政府，省政府各有关委、办、厅、局加快推进青海省各类突发事件预警信息在国家突发事件预警信息发布系统的统一发布工作。

5月23日 中国大气本底基准观象台德力格尔研究员和他率领的中国大气本底基准观象台温室气体本底浓度观测团队获周光召基金2015年度气象科学奖（团队）。

5月29日 青海省气象局印发《青海省气象局办公室关于做好部分行政审批中介服务事项取消有关工作的通知》，根据中国气象局决定，取消“雷电灾害风险评估”“防雷产品测试”“新建、扩建、改建建筑工程与气象探测设施或观测场布局图”“新迁建气象站现址现状图、新址规划图”4项行政审批中介服务事项。

6月1日 省、市（州）、县三级突发事件预警信息发布系统在青海省开始业务化运行。

7月9日 德国气象局局长格哈德·亚德里安教授率德国气象代表团一行3人，在中国气象局国际合作司和青海省气象局领导陪同下到瓦里关中国大气本底基准观象台访问。

7 月 10 日 根据中国气象局安排，实时—历史地面气象资料一体化业务系统（MDOS）正式投入业务运行。

7 月 15 日 经青海省人民政府同意，青海省财政厅下达 2015 年人工影响天气专项经费 8400 万元。其中，人工增雨作业经费 3000 万元，标准化防雹炮点建设经费 3400 万元，农牧业气象防灾减灾体系建设经费 2000 万元。

9 月 30 日 青海省气象局印发《关于 12 个国家一般气象站 CAWS600 型更换为 DZZ4 型自动气象站投入业务运行的通知》，其中 12 个站点包括乐都、治多、甘德、同德、湟中、循化、海晏、天峻、茶卡、大通、泽库、互助，自 2015 年 10 月投入业务运行。

10 月 27 日 建成茫崖、冷湖、托勒、祁连、小灶火、大柴旦、德令哈、乌兰、诺木洪、都兰、五道梁、同仁、沱沱河、杂多、曲麻莱、玛多、清水河、囊谦 18 个华云东方 ADTD 型闪电定位站，与之前建设的 10 个闪电定位站，共 28 个站组成全省雷电监测网。

12 月 4 日 中华全国总工会下发《关于表彰全国模范职工之家、全国模范职工小家、全国优秀工会工作者的决定》，青海省气象服务中心分工会荣获“全国模范职工小家”称号。

2016年

1月4日 中国气象局党组任命白海为青海省气象局党组书记;任命谢双亭为青海省气象局党组副书记,免去其青海省气象局党组书记职务。

1月19日 中国气象局决定授予青海省气象台“2015年度全国重大气象服务先进集体”称号,授予海东市互助县气象局星全芳、青海省气象台韦淑侠、玉树州气象台魏永亮“2015年度全国重大气象服务先进个人”称号。

2月15日 青海省委、省政府印发《青海省国民经济和社会发展第十三个五年规划纲要》,明确了青海省气象事业发展任务。

3月15日 青海省气象局印发《青海省气象局关于贯彻落实国务院清理规范行政审批中介服务事项决定的通知》(青气函〔2016〕43号),贯彻落实国务院和中国气象局文件精神,清理规范7项行政审批中介服务事项。

4月11日 青海省气象局向财政部驻青海省财政监察专员办事处报送《青海省气象局公务用车制度改革实施方案》(青气函〔2016〕62号)。

6月3日 中国气象局党组任命白海为青海省气象局局长;免去谢双亭青海省气象局党组副书记、青海省气象局局长职务,另有任用。

6月30日 青海省县级气象主管机构权力责任清单编制完成,在全国气象部门率先完成了省、市(州)、县三级气象主管机构的权力清单和责任清单编制公布工作。

7月26日 青海省气象局、青海省住房和城乡建设厅联合印发《关于贯彻落实国务院关于优化建设工程防雷许可有关问题的通知》(青气发〔2016〕60号),在全国气象部门率先贯彻落实了《国务院关于优化建设工程防雷许可的决定》(国发〔2016〕39号)精神,对青海省的房屋建筑工程和市政基础设施工程防雷装置设计审核、竣工验收许可向建设部门进行了移交,明确了移交时间节点和监管责任。

10 月 17 日　青海省人民政府印发《青海省气象事业“十三五”发展规划》(青政办 2016〔192〕号)。

10 月 31 日　中国气象局批准青海省气象台朱平、青海省气候中心申红艳、青海省气象灾害防御技术中心周万福 3 名同志为第七届享受西部优秀青年人才津贴人选。

12 月 29 日　贵德县、民和县通过中国气象局标准化现代农业气象服务县认定，玛沁县拉加镇和大武乡、同德县巴沟乡和唐谷镇、湟中县鲁沙尔镇共 5 个乡镇通过中国气象局标准化气象灾害防御乡镇认定。

2017年

2月16—17日 中国气象局副局长许小峰一行到青海省气象台、青海省气象服务中心、青海省人工影响天气办公室、瓦里关中国大气本底基准观象台、海南州气象局和贵德县气象局检查指导工作，对青海省气象工作给予充分肯定。

4月27日 青海“最美气象人”命名表彰大会在西宁召开，青海省文明办和青海省气象局联合命名表彰黄南州泽库县气象局王晓青、玉树州曲麻莱县气象局军巴尕才、青海省气象服务中心张景华、海北州气象局张慧琴、海南州气象台钟元龙5人为青海“最美气象人”。

5月24日 青海省气象局刘晓燕家庭荣登2017年“全国最美家庭”光荣榜。

6月23日 青海省委常委、副省长严金海到格尔木市五道梁气象站视察工作，看望慰问一线基层艰苦台站气象职工。

7月19—24日 中国气象局党组书记、局长刘雅鸣一行来青海调研指导气象工作，先后深入瓦里关中国大气本底基准观象台和海南州、玉树州、曲麻莱县、治多县的高海拔艰苦台站看望慰问气象干部职工，青海省委书记王国生、青海省省长王建军、青海省委副书记刘宁会见了刘雅鸣，青海省委常委、副省长严金海陪同在海南州等地进行调研。

8月31日 泽库县气象局职工王晓青荣登2017年“中国好人榜”。

11月4日 青海省委副书记、省长王建军在第23期《决策气象信息》上批示：“气象工作重细节，很好。此件送占彪掌握。”

11月17日 海东市气象局、黄南藏族自治州气象局、海南州气象局、果洛藏族自治州气象局荣获第五届全国文明单位荣誉称号。

12月22日 国家人力资源和社会保障部、中国气象局授予青海省气象台和果洛州气象局“全国气象工作先进集体”荣誉称号，授予玉树州曲麻莱县气象局军巴尕才“全国气象工作先进工作者”荣誉称号。

2018 年

1 月 11 日　中国气象局首批野外科学试验基地申报评审结果揭晓，中国气象局青海高寒生态气象野外科学试验基地、中国气象局瓦里关大气本底野外科学试验基地入选首批名单。

1 月　“青海采用先进观测和信息技术，创新运行机制，推进艰苦台站观测业务无人值守”项目荣获 2017 年全国气象部门创新项目。

5 月 7 日　青海省委、省政府首次将青海省气象局纳入年度目标考核范围。

5 月 9 日　青海省气象局举办首届全省气象部门气象科普讲解大赛。

5 月 23 日　青海省气象局选手祁绪龙、田冰同志在全国气象科普讲解大赛中分别获得二等奖和三等奖。

6 月 14 日　青海省人民政府办公厅转发青海省气象局发布的《青海省生态气象保障服务示范省建设方案》。

6 月 26 日　青海省副省长严金海在《青海应急值班快报》（2018 年第 67 期）上批示：“请各级气象部门加强防雷电常识的宣传普及。”青海省气象局迅速安排落实，要求全省气象部门加强防御雷电灾害的科普宣传。

7 月 27 日—8 月 3 日　由中国气象局、中国气象学会主办，青海省气象局、青海省气象学会承办，以“感受高原气象，领略大美青海”为主题的第三十七届全国青少年气象夏令营在青海举行。

8 月 3 日　青海省人民政府办公厅下发通知，决定建立青海省生态气象保障服务示范省建设联席会议制度。

同日，青海省质量技术监督局、青海省气象局联合印发《青海省气象标准体系建设规划（2018—2025 年）》。

9月3日　青海省气象信息中心杨青军、来志云获得“全国优秀气象信息技术人员”荣誉称号。

9月12日　新华社、中央电视台、《经济日报》、《中国科学报》、《中国气象报》等中央媒体记者赴青海省开展“走基层”活动，重点就生态文明建设气象保障服务、人工影响天气等工作进行专题采访报道。

9月14日　在国务院召开的人工影响天气工作座谈会上，青海省副省长严金海进行了会议交流发言，胡春华副总理专门讲道：“青海的增雨作业，不仅是保障了青海的安全，实际上也是为全国作贡献。”

10月26日　青海省气象局印发《青海省气象局全面推进气象现代化实施方案（2018—2020年）》。

11月10日　青海省委副书记、省长刘宁在《青海省科技厅 青海省气象局关于加强生态文明建设积极应对气候变化的报告》上批示：“这份报告好。但还要提高至贯彻落实习近平总书记关于‘保护好三江源、保护好中华水塔’的政治高度来认识，切实推动好相关工作，择日请相关部门一起商议研究。”

11月　中国气象局党组任命陶建为青海省气象局党组成员、纪检组组长。

12月24日　青海省人民政府办公厅印发《青海省气象灾害防御规划》。

2019年

1月7日　青海省气象局与青海省住房和城乡建设厅、青海省公安消防总队、青海省人民防空办公室联合印发《关于全面实施施工图联合审查的通知》（青建设〔2019〕17号），决定自2019年1月1日起，全面实施施工图联合审查。

1月17—19日　中国气象局党组成员、副局长余勇到青海省气象部门调研指导工作。在青期间，余勇会见了青海省委副书记、省长刘宁，青海省委常委、副省长严金海，青海省副省长、青海省发展与改革委员会主任田锦尘等领导，就推进青海省气象事业发展进行了沟通交流。

1月21日　中国气象局对全国人工影响天气工作先进集体和先进个人进行表彰。青海省人工影响天气办公室观测试验室荣获“全国人工影响天气工作先进集体”称号；青海省人工影响天气办公室张博越、海东市乐都区人工影响天气办公室王成德荣获“全国人工影响天气工作先进个人”称号。

1月31日　青海省气象局与省应急管理厅、省地震局联合申报的22个社区被国家减灾委、应急管理部、中国气象局、中国地震局命名为“2018年度全国综合减灾示范社区”。

2月19日　针对青海省青南地区严重雪灾，省气象局启动雪灾Ⅲ级救灾应急响应命令，全力以赴做好青南雪灾气象服务工作。本次服务保障工作得到中国气象局余勇副局长、青海省委书记王建军和青海省委副书记、省长刘宁的批示肯定。

2月22日　青海省委、省政府召开青海省科学技术奖励大会，由北京师范大学、青海省气象科学研究所、青海师范大学共同完成的“青海湖流域生态水文过程与湿地恢复技术研究及应用”项目获得青海省科学技术进步一等奖，受到表彰奖励。

3月6日　省气象局职工马琼荣获“全国三八红旗手”称号。

4月　中国气象局党组任命高顺年同志为青海省气象局党组成员、副局长。

4月2日 青海省气象观测质量管理体系建设启动会召开，青海省气象观测质量管理工作迈入新阶段。

5月15日 青海省生态气象中心三江源生态气象分中心挂牌仪式在玉树州气象局举行，玉树州人民政府副州长何勃与省气象局副局长李凤霞共同为三江源生态气象分中心揭牌，并就进一步加强生态气象工作等进行交谈沟通。

6月13日 祁连山生态气象分中心揭牌仪式在海北州气象局举行，青海省气象局副局长李凤霞和海北州副州长刘宝春共同揭牌。

6月14日 青海省气象局组织召开“不忘初心、牢记使命”主题教育工作会议。

6月20日 青海省气象信息中心关晓军被中国气象局授予“2018年度全国优秀信息技术人员”称号。

7月30日 中国气象局决定授予青海省海东市气象局“全国气象部门优秀公务员集体”称号，授予海南州共和县气象局郭连云、青海省气象局机关党委办公室刘小燕“全国气象部门优秀公务员”称号。

8月17—20日 中国气象局党组书记、局长刘雅鸣到青海省果洛州气象局、海南州兴海县气象局、海南州江西沟气象站慰问高海拔艰苦台站一线基层气象职工，对全省气象部门开展“不忘初心、牢记使命”主题教育情况以及气象现代化建设、气象防灾减灾、生态文明气象保障服务等工作进行调研。

8月18日 中共中央政治局委员、国务院副总理胡春华赴果洛州气象部门进行考察调研并看望慰问果洛州气象局干部职工。中国气象局党组书记、局长刘雅鸣，青海省委常委、副省长严金海陪同调研。胡春华副总理高度肯定了果洛州气象部门广大干部职工扎根高原长期奉献，为气象事业发展所做出的重要贡献。

9月3日 青海省人民政府与中国气象局在北京签署局省合作协议。青海省委副书记、省长刘宁，中国气象局党组书记、局长刘雅鸣分别讲话，并代表双方签署协议。中国气象局副局长余勇主持会议。

9月5日 中国气象局决定授予玉树州称多县气象局局长耿晓平“全国气象部门优秀县气象局局长”称号。

11 月 16 日　瓦里关中国大气本底基准观象台建台 25 周年座谈会在青海省海南州共和县召开。青海省委副书记、省长刘宁，中国气象局党组书记、局长刘雅鸣，世界气象组织助理秘书长张文建出席会议并讲话。

2020年

1月6日 中国气象局决定授予玉树州气象局“2019年全国气象工作先进单位”荣誉称号；授予青海省科学研究所祝存兄“2019年全国气象工作先进个人”荣誉称号。

1月10日 青海省委书记王建军在青海省气象局报送的《青海省2019/2020年冬春季气象灾害风险分析》（《决策气象信息》2020年第1期）上批示：“请及早就防灾事宜作出安排部署。”

1月15日 中国气象局授予果洛州达日县气象局赵全顺“2019年全国重大气象服务先进个人”荣誉称号。

1月30日 青海省气象局党组书记、局长白海主持召开省气象局新型冠状病毒感染的肺炎疫情防控专题会议，传达党中央、国务院领导指示、批示精神，学习中国气象局党组、青海省委省政府相关文件精神，安排部署全省气象部门新冠肺炎疫情防控工作。

3月2日 青海省副省长严金海在青海省气象局报送的《2月26—27日降雪天气实况及人工增雪作业情况报告》（《气象信息专报》2020年第1期）上批示：“不失时机开展人影作业，服务农牧业生产，取得了明显成效。望继续抓细抓好。”

3月5日 青海省委常委、副省长严金海到青海省气象局调研气象服务春耕生产工作。青海省副省长严金海先后到青海省气象影视中心、青海省气象科学研究所、青海省人工影响天气办公室、青海省气象台，并与海东市气象局、果洛州气象局视频连线，详细了解工作情况，向特殊时期坚守一线的干部职工表示问候。

3月6日 青海省人民政府办公厅印发《关于2020年省级财政支农和扶贫专项资金整合安排方案的通知》，下达青海省支农气象发展专项资金7500万元。

3月23日 青海省海东市委副书记、市长王林虎一行到青海省气象局参观、调研，并与青海省气象局党组书记、局长白海座谈，共商海东气象事业发展大计。

4月1日 青海省地面气象观测自动化改革从试运行切换调整为正式业务运行，这标志着青海省地面气象观测将实现全面自动化，青海气象现代化建设迎来标志性的重大进展。

4月21日 经中国气象局党组研究，青海省人工影响天气办公室主任李林担任西北区域人工影响天气工程副总设计师。

5月7日 西藏自治区气象局党组书记拉卓一行到青海省气象局调研，并与青海省气象局党组成员、副局长高顺年，及省局部分机关处室、直属事业单位负责人就气象服务开展情况进行座谈。

5月11日 青海省气象学会秘书处获得中国气象学会主办的先进气象学会秘书处工作奖。

5月15日 青海省气象局召开青海气象事业“十四五”发展规划启动电视电话会议，全面部署青海气象事业“十四五”发展规划编写工作。

6月1日 青海省委副书记、省长刘宁先后两次在青海省气象局报送的《青海省气象局关于国家气象大数据青海分中心建设项目前期进展情况的专报》上批示指出，国家气象大数据青海分中心项目是省委、省政府立足于保护地球第三极，着眼于绿色发展，从推进数字经济的角度进行谋划和安排的2020年政府重点工作任务，项目具有重要意义。他要求有关部门及地方给予大力支持，共同努力，联手共建，积极把项目打造成区域战略和“第三级”保护的支点。

6月28日 中共中国气象局党组授予玉树州气象局党支部“全国气象部门2020年先进基层党组织”称号，授予海北州祁连县气象局张莹“全国气象部门2020年优秀共产党员”荣誉称号。

7月2日 青海省气象学会召开第十二届会员代表大会，全面总结与回顾第十一届理事会工作，选举产生第十二届学会理事会。青海省气象局党组书记、局长、青海省气象学会第十一届理事会理事长白海到会致辞并向大会作工作报告。同日，青海省气象局副局长高顺年当选青海省气象学会第十二届理事会理事长。

7月17日 青海省气象局与青海省水利厅印发《关于联合开展发布山洪灾害和中小河流洪水气象风险预警工作的通知》，要求省、市（州）、县三级于每年6月1日—9月30日联合发布山洪灾害和中小河流洪水气象风险预警。

9月25日　全国科技活动周组委会办公室决定授予青海省气象局山嶷、胡长元、胡亚男同志“2020年全国科技周先进个人”称号。

9月28日　中国气象局发文公布第二批百年气象站名录，青海省茶卡、大柴旦、格尔木、诺木洪、沱沱河5个国家基准气候站和德令哈、都兰、共和、贵南、门源、五道梁、小灶火7个国家基本气象站被列入中国百年气象站（五十年认定）名录。

2021年

1月6日 中国气象局党组决定，授予青海省气象局机关、海南州气象局、达日县气象局“全国气象部门创建模范机关先进单位”称号。

1月12日 中国气象局副局长余勇宣布青海省气象局领导班子，经中共中国气象局党组2020年12月9日研究，并征得中共青海省委同意，决定任命李凤霞为青海省气象局党组书记、局长。

1月15日 中国气象局决定，对在2020年重大气象服务工作中表现优秀的青海省果洛藏族自治州玛沁县气象局和青海省气候中心张调风、西宁市气象局余学英、青海省气象服务中心黄胜给予通报表扬。

1月18日 中国气象局决定，授予申红艳“2020年全国气象工作先进个人”称号。

2月26日 中国气象局、中国气象学会授予青海省玉树州气象局“2020年度优秀全国气象科普教育基地”称号。

3月9日 中国气象局气象探测中心印发通知，宣布瓦里关中国大气本底基准观象台将参加世界气象组织全球大气观测计划（WMO/GAW）由美国国家海洋和大气管理局（NOAA）承担的温室气体世界标校中心（WCC）第七届全球温室气体巡回比对活动。

3月11日 四川省人民政府授予青海省气候中心时兴合“四川省科技进步奖二等奖”。

3月18日 青海省气象局召开全省气象部门党史学习教育动员部署会。23日，中共青海省气象局党组印发《青海省气象部门开展党史学习教育实施方案》（青气党发〔2021〕15号）。

3月22日 青海省人民政府办公厅印发《关于推进人工影响天气工作高质量发展的实施意见》（青政办〔2021〕18号）。

3月24—26日 中国气象局党组书记、局长庄国泰赴青海省气象局调研，在青海省副省长刘超，青海省气象局党组书记、局长李凤霞的陪同下先后前往瓦里关中国大气本底基准观象台、海南州气象局、海北州气象局、刚察县气象局、海北牧业气象试验站、青海省气象科学研究所、青海省人工影响天气办公室、青海省气象台、青海省气象服务中心，调研气象现代化建设和业务运行情况，听取青海省气象局党组工作汇报，慰问一线气象职工。

3月29日 青海省气象服务中心与省公安交通警察总队、省路网中心建立“路警气”三方联席会商机制。

4月9日 青海省气象学会秘书处获评由中国气象学主办的先进气象学会秘书处工作奖。

4月13日 中国气象局决定给予陶建、高顺年同志嘉奖奖励。

4月26日 青海省副省长才让太到青海省气象局参观指导工作。

5月22日 02时04分，果洛州玛多县（北纬34.59°、东经98.34°）发生7.4级地震，震源深度17千米，距玛多县城约38千米，果洛州其余5县震感强烈。青海省气象局第一时间启动地震灾害Ⅱ级应急响应，紧急召开“5.22玛多地震”气象应急保障服务会议，安排部署气象应急保障服务各项工作。派出应急小分队2批，运输救灾物资2批，局领导2次赴地震灾区慰问一线气象职工，应急响应持续10天。

5月23日 果洛州委“5.22玛多地震”救援前线指挥部副组长、常务副州长肖飞虎在《2021年果洛玛多地震灾害气象服务专报（第16期）》上作出批示：“气象部门在玛多县5.22地震救援工作中迅速、全面、到位，及时向指挥部报送精细化服务产品和信息，为救援工作提供了科学决策，希望继续保持。”

5月28—30日 经青海省气象局推荐，青海省气象台王振海出席在人民大会堂召开的中国科学院第二十次院士大会、中国工程院第十五次院士大会和中国科学技术协会第十次全国代表大会。

5月31日 青海省气象局确定青海省气候中心、西宁市气象局、海西州气象局、海南州气象局为青海省气象现代化试点单位。

6月25日 中共青海省委、青海省人民政府决定，授予青海省气象局黄胜、马恩洲“青海省脱贫攻坚先进个人”称号。

6月29日 青海省气象局组织召开庆祝建党100周年暨“两优一先”表彰大会，党组书记、局长李凤霞出席会议并讲话。青海省气象局减灾处刘蓉娜等40名共产党员被授予“青海气象部门优秀共产党员”称号，青海省气象台扎西才让等10名党务工作者被授予“青海省气象部门优秀党务工作者”称号，青海省气象局办公室党支部等16个基层党组织被授予“青海气象部门先进基层党组织”称号。

7月1日 青海省气象局组织全省各级气象部门收看“庆祝中国共产党成立100周年大会实况”直播，组织学习习近平总书记在庆祝中国共产党成立100周年大会上的重要讲话精神。

8月17日 中共青海省委宣传部、青海省科学技术协会、青海省科学技术厅、青海省国防科学技术工业办公室公布2021年青海省“最美科技工作者”名单，青海省气象台王振海荣获2021年青海省“最美科技工作者”称号。

8月23日 经青海省人民政府同意，青海省气象局印发《青海省气象事业“十四五”发展规划》（青气发〔2021〕49号），总结了“十三五”期间青海气象台站建设发展的重大成就、主要经验等，提出了“十四五”时期青海省气象事业发展的指导思想、发展思路、发展目标、主要任务、重点工程和保障措施。

8月24日 全国政协“加强青藏高原生态环境保护与气候变化适应”重点提案督办协商会在中国气象局召开。中共中央政治局常委、全国政协主席汪洋主持会议并讲话。在本次协商会上，中国气象科学研究院有关人员在青海省瓦里关中国大气本底基准观象台向大会通过视频连线方式介绍情况。青海省气象局党组书记、局长李凤霞，党组成员、副局长高顺年到瓦里关山现场指导连线，省局相关职能处室、省气象信息中心、瓦里关中国大气本底基准观象台等单位配合，确保工作圆满完成。

8月 中国气象局党组任命李林为青海省气象局党组成员、副局长。

9月12日 国家科学技术部党组成员、副部长李萌一行在青海省人民政府副秘书长谢宏敏、青海省气象局局长李凤霞以及海南州州长尕玛朋措等的陪同下，到中国大气本底基准观象台（以下简称本底台）针对科技部野外试验基地运行情况开展调研，对本底台建台以来在温室气体监测领域所作出的突出贡献给予充分肯定。

10月20日 中国气象局决定对青海省玛多县气象局局长、一级主任科员李中超，青海省海北州气象局业务科科长张慧琴同志记全国气象部门公务员个人二等功。

10月26日 青海省政府副省长张黎一行在青海省气象局局长李凤霞、海南州副州长王学军的陪同下，前往瓦里关中国大气本底基准观象台调研指导工作，并慰问台站值守人员。

10月29日 青海省气象科学研究所李晓东入选中华人民共和国生态环境部第二批生态环境监测"三五人才"一流专家（《关于确定第二批生态环境监测"三五"人才入选人员名单的通知》环监测〔2021〕106号）。

11月19日 青海省发展和改革委员会下达《关于青藏高原生态大数据中心可行性研究报告的批复》（青发改农经〔2021〕719号），青藏高原生态大数据中心建设项目进入实施阶段。

11月30日 青海省气象学会被中国科学技术协会评为"全民科学素质工作先进集体"，玉树州气象局何永清同志被评为"全民科学素质工作先进个人"。

12月9日 青海省海南州兴海县气象局局长吴让荣获中国气象局"优秀县气象局局长"称号。

12月28日 中国气象局决定，授予青海省海南藏族自治州气象局"全国气象工作先进单位"称号；授予青海省气象台预报技术研发室主任李金海和青海省五道梁气象站站长王烈福"全国气象工作先进个人"称号。

2022年

1月8日 青海省海北州门源县发生6.9级地震，震源深度10千米，震中位于北纬37.77°，东经101.26°。青海省气象局启动地震灾害Ⅱ级应急响应。

1月26日 青海省副省长才让太在《决策气象信息（第3期）》作出批示："气象部门做好春季天气预测分析研判，为各地抗旱和春播、春季畜牧业生产提供保障"。

2月28日 青海省气象局荣获中国气象局"2021年气象部门综合考评优秀单位"称号。

3月3日 青海省妇联授予海北州气象台"全省巾帼文明岗"称号。

3月18日 青海省委书记信长星在《春耕春播气象服务专报》（2022年第2期）上批示："气象局主动围绕春耕、森林防火等加强气象预报分析，这是服务意识的具体体现。"

4月24日 青海省委副书记、省长吴晓军在《气象监测快报》上批示："很好！继续做好预报、服务、人工增雨工作。"

5月23日 中国共产党青海省第十四次代表大会隆重开幕，李凤霞、马秀梅、曲欣瑶三位作为省第十四次党代会的党代表光荣出席会议。

6月2日 青海省气象局印发《青海省全面推进乡村振兴气象服务能力提升行动计划（2022—2024年）》（青气发〔2022〕41号）。

6月9日 青海省人民政府与中国气象局联合印发《推动应对气候变化气象先行先试行动方案（2022—2025年）》（青政〔2022〕23号）。

6月27日 青海省气象信息中心党支部被中共中国气象局党组评为全国气象部门2022年"先进基层党组织"。

7月20日 青海省委书记信长星在《重要天气报告》（2022年第15期）上批示："对局部地区短时强降水可能造成的灾害要精准预报、推送，做出安排，保障群众安全"。

7月21日 青海省人民政府办公厅印发《全面推进气象高质量发展工作任务分工》（青政办函〔2022〕118号）。

8月4日 青海省气象局印发《气象高质量发展青海三年行动方案（2023－2025年）》（青气党发〔2022〕53号）。

8月5日 青海省人民政府召开全省推进气象高质量发展电视电话会议，部署全省推进气象高质量发展任务。

8月11日 青海省委副书记、省长吴晓军在《气象监测快报》（2022年第10期）上批示："近期，各地强降雨频发，降水强度大、极端性强，各地各部门务必高度重视，全力以赴做好各项防汛工作。要加强预警预报，落实到村、户、人，及时转移疏散，防止泥石流、滑坡、山洪暴发等灾害，确保人民群众生命安全；要做好在建水利工程的安全度汛；做好核灾、救灾工作，确保生产生活及时恢复，确保受灾群众生活有保障。"

8月18日 青海省西宁市大通县发生山洪灾害，青海省突发公共事件管理委员会启动青海省突发灾害事件Ⅱ级应急响应。根据上述情况，青海省气象局于18日9时启动Ⅱ级气象服务应急响应。青海省气象局联合省水利厅、省自然资源厅向省委主要领导报送《大通县"8.18"灾害成因初步分析及预报预警服务情况报告》。

8月25日 中共青海省气象局党组印发《青海省新型气象业务技术体制改革实施方案（2022—2025年）》（青气党发〔2022〕57号）。

9月2日 青海省委副书记、省长吴晓军在《决策气象信息》（2022第36期）上批示："请市、州、县、区主要负责同志、分管负责同志和部门主要负责同志阅。此报告对今年华西秋雨对我省影响作了详细分析，特别是对高危险地区和防范的重点提出了非常明确的建议意见。请各级防总和各部门高度重视，加密会商研判预警，认真落实。加快隐患全面排查，特别是对由于受前期降水量叠加影响，后期研判是小量降水也可能发生泥石流、滑坡、山洪暴发等次生灾害，务必高度重视，防范在先，防范到位。要以保生命安全为前提，果断坚决及早转移群众，宁愿十防九空，不可失防万一。"

9月9日 全球大气本底与青藏高原大数据应用中心纳入青海省十大国家级科技创新平台培育计划。

9月13日 青海省气象局印发《青海省气象部门人才发展规划（2022—2035年）》（青气发〔2022〕76号）。

9 月 20 日 青海省人民政府新闻办公室召开“青海这十年”气象专场新闻发布会，邀请青海省气象局党组成员、副局长李林等相关负责同志介绍青海省气象部门 10 年来的发展情况，并就有关问题答记者问。

9 月 24 日 青海省委副书记、省长吴晓军，常务副省长王卫东，副省长才让太到青海省气象局调研气象服务工作，视频连线慰问基层气象部门职工。

10 月 1 日 青海省发展和改革委员会下达《关于青藏高原生态大数据中心项目初步设计概算核定的批复》（青发改农经〔2022〕761 号），核定“青藏高原生态大数据中心”项目总概算为 23996. 6 万元。

11 月 8 日 海北州气象局科普教育基地被中国气象局评定为全国气象科普基地。

11 月 25 日 青海省人民政府公布 2021 年度青海省科学技术奖名单，省气象局参与的 2 项科研成果分别获青海省自然科学奖一等奖和青海省科学技术进步奖二等奖。

12 月 14 日 青海省气象局温室气体及碳中和重点实验室获批省级重点实验室。

12 月 28 日 中国气象局决定授予青海省海东市气象局“全国气象工作先进单位”称号。

12 月 30 日 人力资源和社会保障部、中国气象局决定授予青海省气象台“全国气象工作先进集体”称号。

2023年

1月1日　甘德、海晏、乐都、平安、化隆、循化、江西沟、河卡、同德、天峻、尖扎、泽库、湟源、大通、湟中、治多、互助、瓦里关18个国家气象观测站升级为国家基本气象站。

1月9日　海东市气象局被中国气象局授予2022年度“全国气象工作先进单位”荣誉称号。同日，青海省气象台被国家人力资源和社会保障部与中国气象局联合授予“全国气象工作先进集体”荣誉称号。

1月29日　青海省委副书记、省长吴晓军在题为“森林草原火险气象风险预警”的《青海省值班信息》（第9期）上批示：“请各地各部门高度重视，严防严控严管，管住火源，严阵以待，确保安全。”

1月30日　青海省常务副省长王卫东批示：“请省应急厅按照晓军省长指示要求，抓好落实，加强调度督导。”

2月21日　青海省气象局召开2023年全省气象工作会议，省气象局党组书记、局长李凤霞作题为《在党的二十大精神引领下以中国式现代化推动青海气象高质量发展行稳致远》的报告。

3月1日　中华全国妇女联合会授予刘彩红“全国巾帼建功标兵”称号。

3月27日　青海省气象观测与信息化工作会议在西宁召开。

3月31日　中共青海省气象局党组党建工作领导小组办公室印发《全省气象部门“三联促三动”工作实施方案》。

4月7日　气象部门对口支援青海工作座谈会在西宁召开，中国气象局党组成员、副局长张祖强，青海省人民政府副秘书长马锐出席会议并讲话，国家气象中心、华云集团等12家中国气象局直属企事业单位和北京市气象局、南京市气象局等8个省（市）气象局负责人代表援助单位参加会议。期间，国家气象信息中心与青海省气象局签署《国家气象信息中心对口支援青海涉藏地区气象工作援助协议》。

同日，青海省委副书记、省长吴晓军会见中国气象局党组成员、副局长张祖强一行，共商推进青海气象高质量发展。

4月8日 在青海省委常委、副省长才让太陪同下，中国气象局党组成员、副局长张祖强到西宁市大通县基层乡镇一线实地查看防灾减灾工作。

4月14日 青海省气象局以视频形式召开全省气象部门深入开展学习贯彻习近平新时代中国特色社会主义思想主题教育动员会议。省局党组书记、局长李凤霞作动员讲话。

4月23日 青海省人民政府办公厅印发《青海省以气象灾害(暴雨)预警信息为先导的应急联动机制的实施意见》(青政办〔2023〕35号)。

4月24日 青海省委书记、省人大常委会主任陈刚，省委副书记、省长吴晓军，省委常委、副省长才让太分别在题为《关于2023年主汛期(6—8月)气候趋势预测的报告》上作出批示。陈刚书记批示："今年主汛期之前安排我和晓军同志分头下去检查。"吴晓军省长批示："请各地各部门主要负责同志高度重视，今年汛期雨水偏多，极易引发山洪、泥石流、山体滑坡等自然灾害，务必早作部署，落实'叫醒''叫应'机制，确保生命安全，最大减少灾害损失。"才让太副省长批示："办公厅以信息形式发各地各部门。"

5月8日 青海省委副书记、省长吴晓军在青海省防汛抗旱暨安全生产工作电视电话会议上对气象防汛抗旱工作提出要求：气象部门要完善气象灾害预警信息统一发布与广泛传播机制，密切监测汛期雨情、水情和天气变化情况，重大风险期要加密预测预报频次，提高预报精准度。

5月11日 青海省委副书记、省长吴晓军在题为"青南地区(玉树、果洛)虫草采挖季雷电灾害分析"的《青海政务信息》(第219期)上批示："请丹增、万彬同志阅，要高度重视，确保人民生命安全。一是建立政府主导的部门联动工作机制，压实安全责任。二是加强雷电监测，及时发布信息。三是多种形式广泛宣传雷电灾害及避灾知识，增强群众避灾意识和能力。"

5月17日 青海省人大常委会召开《中华人民共和国气象法》《青海省气象条例》《青海省气象灾害防御条例》启动会，5—6月，青海省人大常委会对9市(州)开展"一法两条例"执法检查。

5 月 23 日　玉树州气象台台长何永清被中共青海省委宣传部、青海省科学技术协会、青海省科学技术厅、青海省国防科学技术工业办公室评定 2023 年“青海省最美科技工作者”（青科协发〔2023〕27 号）。

6 月 11 日　青海省人民政府授予王振海“2022 年度青海省优秀专家”称号，并荣获中共青海省委、青海省人民政府“创新驱动奖章”（第二届青海省科学成果奖）。

6 月 21 日　中国气象局党组印发《关于表彰和认定全国气象部门创建模范机关先进单位和标兵单位的决定》，其中，青海省气象台、果洛州气象局、曲麻莱县气象局、都兰县气象局 4 个单位荣获“全国气象部门模范机关创建先进单位”称号。

7 月 3 日　青海省气象局获评 2022 年度“青海省目标责任（绩效）考核优秀单位”，这是省气象局纳入省委目标责任（绩效）考核以来首次获此殊荣。

7 月 27 日　青海省委组织部副部长、省委人才办主任徐小兵，省总工会党组书记、常务副主席王敬斋分别到瓦里关中国大气本底基准观象台开展工作调研。

7 月 29 日　青海省委常委、组织部部长赵月霞赴瓦里关中国大气本底基准观象台调研慰问一线气象科研人员。

8 月 7 日　青海省委副书记、省长吴晓军在题为“玉树州雷电灾害防御工作成效明显 实现雷击起数、死亡人数、受伤人数‘三下降’”的《青海政务信息》（第 379 期）上批示：“这项工作抓得好！关键是压实了责任、坚持科学防御、广泛发动群众，这也是我们做好自然灾害防御必须把握的重点，可以以安委办名义转发全省。”

8 月 8 日　由青海省气象局与青海省科学技术厅共同主办的全球大气本底与青藏高原大数据应用中心科创平台成立大会暨青藏高原碳与气候变化监测联盟发起仪式在青海省西宁市举行。青海省委常委、副省长才让太出席会议，中国工程院院士、政府间气候变化专门委员会（IPCC）第一工作组联合主席、中国气象局温室气体及碳中和监测评估中心主任张小曳受邀参会并作应对气候变化专题报告。来自全国相关气象行业、科研院所、高校及省内相关厅局等 90 多名领导及专家通过线上线下方式参加了会议。

9 月 4 日　青海省气象局与青海省发展和改革委员会出台的《气候可行性论证项目指导目录》被中国气象局改革办推广为全国气象部门改革创新好经验好做法。

9 月 6 日　以“传承 · 奉献 · 创新——致敬科技先辈，致力智地双赢”为主题的传承“两弹一星”精神中国青年英才论坛主论坛在西宁举行，瓦里关中国大气本底基准观象台被授予

“‘两弹一星’精神传承基地”称号。

同日，青海省委书记、省人大常委会主任陈刚在《中国大气本底基本观象台瓦里关全球大气本底站基本情况》上批示：“志文、凤霞阅，瓦里关站的故事被广为传颂，在这里工作的值得敬佩，我们要多关心关爱他们，帮助他们解决各种困难，有机会我去现场看一看。”

10月19—20日 2023年全省气象工作研讨会在海南州召开，部署加快推进气象科技能力现代化和社会服务现代化重点任务。

11月20日 青海省人民政府办公厅印发《青海省气象灾害防御重点单位安全管理办法》，自2024年1月1日起施行。

12月3日 中国气象局与青海省人民政府在西宁签署新一轮省部合作协议。青海省委副书记、省长吴晓军，中国气象局党组书记、局长陈振林共同签署协议并讲话。青海省委常委、副省长才让太，中国气象局党组成员、副局长张祖强出席。

12月4日 青海省委书记、省人大常委会主任陈刚到瓦里关中国大气本底基准观象台调研，强调要进一步提高站位，推进高水平科技自立自强，进一步提升观测水平和科研能力。

12月18日 23时59分，甘肃临夏州积石山县发生6.2级地震。本次地震青海省海东市乐都区、平安区、互助土族自治县、民和回族土族自治县、化隆回族自治县、循化撒拉族自治县震感强烈。青海省气象局第一时间启动特别工作状态，19日7时启动地震灾害气象服务Ⅱ级应急响应命令。

12月20日 青海省人民政府办公厅印发《青海省气象灾害应急预案》（青政办〔2023〕88号）。

12月22日 青海省人民政府召开全省气象高质量发展工作推进会，青海省委常委、副省长才让太出席会议并讲话。

12月26日 由凤凰网发起的2023中国力量年度人物盛典在安徽合肥举行。瓦里关全球大气本底台团队荣耀获评“2023中国力量年度人物”。

2024年

1月2日　青海省气象局联合青海省发展和改革委员会召开全省推进增发国债气象项目实施现场会议，青海省发展和改革委员会二级巡视员段宇军出席，青海省气象局党组成员、副局长、一级巡视员孙安平主持会议。

1月7日　青海省气象局党组书记、局长李凤霞参加海东市气象局党组主题教育专题民主生活会。

1月19日　2024年青海省气象工作会议召开。青海省气象局党组书记、局长李凤霞作题为《唯实惟先 善作善成 奋力谱写气象现代化青海新篇章》的工作报告。

1月22日　青海省气象局召开青年专家下基层服务锻炼期满座谈会。

1月25日　2024年全国气象工作会议结束后，青海省气象局党组第一时间向青海省委常委、副省长才让太汇报全国气象工作会议情况。才让太副省长指出，气象工作在经济社会发展中的作用越来越显著，青海省委、省政府对气象工作越来越重视，气象社会地位也在不断提升，做好气象工作责任重大、意义重大。2023年青海省气象工作取得可喜成绩，值得肯定和祝贺。

1月30日　省气象局党组书记、局长李凤霞在省局办公室、海东市气象局负责同志陪同下到乐都区气象局，慰问基层一线干部职工，送上诚挚问候和新春祝福，祝愿大家在新的一年里工作顺利、阖家幸福。

2月1日　20时至2日08时，青海省大部地区出现入冬以来最强的一次降雪天气过程。青海省气象部门密切关注此次天气过程，及时开展预报预警服务工作，发挥“消息树”作用，全力做好气象保障服务工作。

2月6日　青海省气象局召开全省气象部门学习贯彻习近平新时代中国特色社会主义思想主题教育总结会。

2月29日 青海省气象局召开乡村振兴气象保障工作领导小组2024年第一次扩大会议，深入学习贯彻党的二十大、二十届二中全会精神和习近平总书记关于"三农"工作的重要论述，认真落实中央农村工作会议和青海省委农村（牧区）工作会议精神，以及2024年中央和省委一号文件精神，研究部署2024年乡村振兴和定点帮扶气象保障服务工作。

3月8日 青海省气象局党组成员、副局长李林带领省气象局应急与减灾处、省人工影响天气办公室负责人赴甘肃兰州参加由甘肃、青海和宁夏三省（区）联合召开的飞机人工增雨（雪）工作协调会。

3月19日 青海省气象局召开2024年世界气象日纪念活动部署推进视频会，青海省气象局党组成员、副局长高顺年出席并提出具体要求。

3月21日 青海省气象局党组书记、局长李凤霞调研西宁市气象高质量发展工作，与西宁市政府党组成员、副市长肖向东就局市共同推进西宁气象高质量发展工作进行深入座谈交流。

3月22日 青海省省气象局召开全省气象部门科技服务工作动员会，部署2024年全省气象科技服务重点工作任务。

3月27日 2023年度青海省目标责任（绩效）考核结果公布，青海省气象局获评"优秀单位"，这是青海省气象局连续两年获此荣誉。

3月28日 青海省气象局召开全省春耕春播暨春季农业生产气象服务工作部署会。

4月2日 青海省气象局党组书记、局长、巡察工作领导小组组长李凤霞主持召开青海省气象局党组巡察工作领导小组2024年第一次会议。

4月11日 青海省气象局党组人才工作领导小组召开2024年第一次会议，审议通过《青海省气象局党组2024年度人才工作重点任务》。

4月15日 青海省气象局党组书记、局长、推进气象高质量发展建设领导小组组长李凤霞主持召开领导小组会议，会议审议通过了《青海省气象局2024年推进气象高质量发展工作要点》《青海省气象局全面深化改革推进气象高质量发展试点指南》《青海省气象局贯彻落实〈气象高质量发展纲要（2022—2035年）〉（以下简称《纲要》）专项督查后续改进工作台账》，听取了"多方协同推动气象高质量发展任务分工台账"工作进展汇报。

4月17日 青海省气象局召开国债项目工作部署会，主要任务是贯彻落实中国气象局和青海省委、省政府关于2023年增发国债气象项目提升防灾减灾救灾能力的重要部署，安排全省气象部门国债项目的实施和监管工作，部署下一步国债项目谋划工作。

4月22日 2024年青海省气象部门全面从严治党工作会议在省气象局召开。会上，青海省气象局党组书记、局长李凤霞同志作题为《发扬自我革命精神 深化全面从严治党 为推动青海气象高质量发展提供坚强保障》的工作报告，总结2023年全面从严治党工作，安排部署2024年重点工作。

4月23—24日 青海省气象局党组举办党纪学习教育读书班，青海省气象局党组成员、总工，各市(州)气象局主要负责人、纪检组长，省局各直属单位、内设机构主要负责人，青海省气象学会秘书长参加读书班。

4月28日 2024年“全国五一劳动奖状、奖章”和“全国工人先锋号”评选结果揭晓，瓦里关中国大气本底基准观象台获“全国工人先锋号”表彰。

4月 中国气象局党组任命布亚林同志为青海省气象局党组成员、纪检组组长。

5月7日 中国气象局党组第一巡视组巡视青海省气象局党组工作动员会在青海省气象局召开，中国气象局党组第一巡视组组长王世涛、副组长罗爱文及巡视组其他成员、青海省气象局党组成员出席会议。青海省气象局直属单位处级干部，党支部书记、机关全体人员、高级专业技术人员以及各市、州气象局党组成员在各分会场列席参加。

5月28日 中国气象局党组成员、副局长张祖强一行到青海省海北州西海镇调研气象部门基层党的建设和气象文化建设，看望慰问海北州气象局干部职工。调研期间，张祖强与海北州委书记夏吾杰进行了会晤交流。